日式
住宅空間
演繹法

本間至　著
黃筱涵　譯

「打造一個家」，必須從「場所」與「場所」的關係開始思考

住宅的基本原則，就是要保護居住者不受外界事物侵擾。

因此住宅必須擁有足以對抗外界壓力的機能，例如：對抗地震的耐震性能、對抗寒暑的隔熱性能、對抗風雨與潮溼的防水與防劣化性能，以及針對侵入者的防盜性能等，這些性能過與不足都不行——從住宅本身的定義來看，這樣的條件是理所當然的。但是僅滿足基本性能的住宅，真的能夠使居住者感到舒適嗎？

從另一個角度來看，住宅是容納人類生活的容器，因此住宅本身的形態，其實與居住舒適息息相關。談到住宅形態的時候，很多人第一個想到的都是「格局」這個名詞，而「格局」所代表的可不只

是各空間的平面關聯性，必須同時從立體的角度去考量各空間之間的關係。房間、階梯與走廊等本身就是一種固定「場所」，讓這些「場所」透過挑空區等互相連通，才能夠形成容納生活的舒適空間。也就是說，不管居住者有沒有意識到，將這些「場所」連結在一起後所形成的空間流動性（聚集、閉門不出、互相往來等狀況），都會對住宅的舒適度產生相當大的影響。

是各空間的平面關聯性，以及這些「場所」是如何相連的。本書描繪了各式各樣的生活場景，相信由設計師所規劃出的這些場景，肯定會對住宅的舒適度帶來某種作用。

各位在規劃住宅時，必須同時顧及預算、性能、格局與舒適度等條件，並經過深刻的討論才能夠做決定。如果本書介紹的任何一個場景，能夠成為各位規劃時的靈感，我將深感榮幸。

想要理解何謂「舒適住宅」，最好的方法就是多體驗各式各樣的空間，但是一般不是建築相關人員的話，很難有見識大量住宅的機會。所以本書藉由101種場景介紹打造、連接空間的方法，並會搭配照片與素描圖（平面圖、斷面圖）

說明「場所」本身的性質，以及這些「場所」是如何相連的。本書描繪了各式各樣的生活場景，相信由設計師所規劃出的這些場景，肯定會對住宅的舒適度帶來某種作用。

日式住宅空間演繹法

目錄

第 **4** 章

營造出「流動感」的格局

第 **1** 章

打造出「靜」的巧思

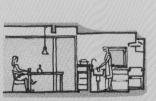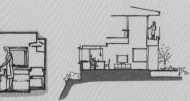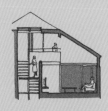

住宅空間可概分為兩種，一種是會待上一段時間的場所，例如：LDK（譯註、臥室或衛浴間等；另一種是通行用的場所（將於第2章解說）。將第二種視為「動」的話，前述那種會待上一段時間的空間，就可以稱為「靜」。

這種會待上較長時間的空間，其品質會大幅影響居家舒適度，所以規劃時必須從各個角度仔細思量，例如：房間天花板的高度變化設計、開口（門窗）位置與尺寸，以及各個空間的連接法等。這些代表「靜」的場所舒適度，就取決於如何將前述形成空間的要素組構在一起。

譯註：LDK即客廳（Living）、飯廳（Dining）和廚房（Kitchen）的英文縮寫。

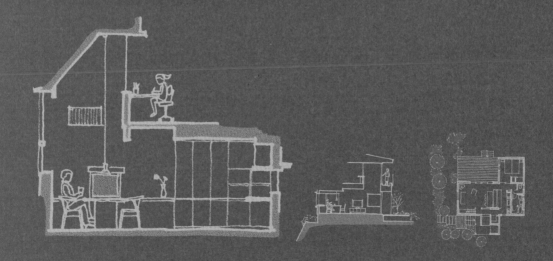

001

天花板創造出流動感

藉天花板形成連貫

客廳的天花板高度為 2.55 m，其中一部分降低了 40 ㎝，與飯廳天花板相連為一，藉此衍生出客廳與飯廳的一體感。

8

即　使將客廳、飯廳與走廊等打造成各自獨立的空間，也能夠藉由可收進牆壁的拉門，調整各空間的連接狀況——如此一來，只要完全打開拉門，就能在保有各自空間的沉穩氛圍之餘，又輕緩地相連。此外，善加規劃天花板的話，也能夠創造出空間的流動感。以這個案例來說，設計師降低局部天花板高度，自然地串連起客、飯廳與走廊，使空間感更加自然延伸。

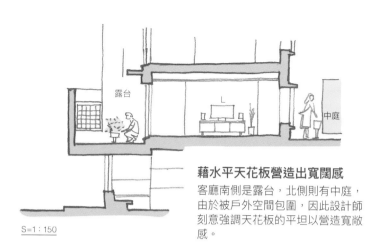

藉水平天花板營造出寬闊感

客廳南側是露台，北側則有中庭，由於被戶外空間包圍，因此設計師刻意強調天花板的平坦以營造寬敞感。

S=1：150

視線的交會

從飯廳望向客廳一景。拉門關上時，客、飯廳各自為獨立空間；而打開拉門後，坐在客廳沙發的人，能夠與餐桌一帶的人有視線交流。

對角線上的視線通道

坐在沙發上時，視線能夠通往位於對角線上的走廊，藉此營造出寬敞感。冬天或夜晚時則可以關上拉門，維持客廳本身的沉穩氛圍。

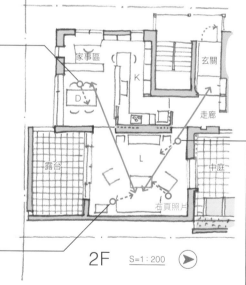

家事區　K　玄關

D　走廊

露台　L　中庭

看頁照片

2F　S=1：200　▶

各自分開，卻又互相牽繫

客、飯廳與走廊等空間各自錯開，卻又彼此連通，藉由營造位在對角線上的視線軸，讓空間更顯寬裕。

藉環繞配置創造出寬闊感

藉相連的客廳與露台，強調出空間的寬度。露台外側的圍牆，則使露台與客廳融為一體。

能夠享受兩種氛圍的飯廳

巧妙抑制天花板的高度

從客廳往飯廳，天花板愈接近飯廳
愈低。分成三個階段的高度，能夠
讓飯廳一帶的氛圍較為沉靜。

小孩房前室　　　陽台

S=1：150

三種不同的天花板高度
從面向庭園的客廳通往內側的飯廳時，天花板會呈階段性降低，藉此營造符合各空間需求的氛圍。

飯廳位在客廳一角，擁有較低的天花板，與客廳偌大的挑空區形成強烈對比；另一方面，設計師為飯廳角落安排了大窗戶以拓寬視野。因此飯廳雖然狹小，卻能在低矮天花板營造出的沉穩感與大型窗戶帶出的開放感下，同時感受到兩種氛圍。

角落窗戶的力量
飯廳深處設有大窗戶，為充滿沉穩感的空間，大大地增添開放感。

受到戶外綠意環繞
由客、飯廳與廚房組成的空間，讓居住者有生活在綠意中的感覺。

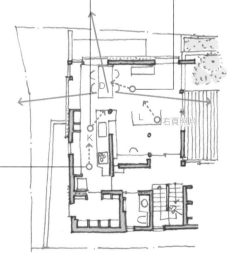

各具特色的窗戶
面向庭園的落地窗、飯廳角落的半腰窗等，在寬敞的LDK中，設有許多性質各異的對外開口。

壓低重心
餐桌高度低於廚房的調理台，讓視線得以穿透至另一端的窗戶之餘，也能壓低空間重心，呈現出恬靜氛圍。

1F　S=1：200　▶

003

既相連又獨立的空間

相連之餘又各自為不同的「場所」
站在廚房時，視線能夠穿越飯廳，望
見客廳與其後方的露台庭園。雖然能
夠同時看見三大空間，但是各個區域
卻又能各自明確地散發出獨特的氛圍。

連綿至工作桌的收納櫃

客廳與飯廳相連的牆面是量身打造的收納空間，並一直連接至家事區的工作桌。

S=1：150

LDK多半會配置在同一個空間裡，該怎麼連接客、飯廳與廚房，向來沒有絕對的「答案」，不過，還是希望能夠重視各個區域的舒適度。

本案例仿效傳統壁龕配置，將廚房安排在起居空間一側，並將飯廳安放於其中，使面對飯廳的廚房極富開放感，同時又以矮牆擋住作業時的手部動作，藉此形成獨立空間。

藉高度調整空間感

飯廳被客廳、樓梯間與廚房環繞，不過藉由調整隔牆高度，仍能感受到飯廳應有的恬靜與寬敞感。

調理設備一帶為封閉式

加熱用的調理設備一帶規劃成封閉式廚房，讓掌廚者在作業過程中不必擔心油水飛濺等問題。

開放×封閉的廚房

從玄關也可以直接通往廚房。這種兼具開放式與封閉式的廚房，巧妙地融合了兩者的優點。

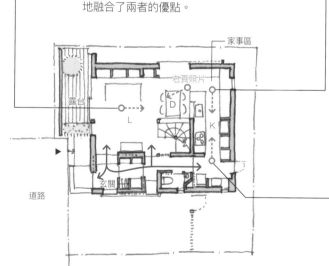

家事區

右頁照片

露台

道路

玄關

1F　S=1：200　

旁邊就是家事區

流理台附近設有面向飯廳開放的區域，也就是照片正前方小小的家事區部分。

兼顧方便性與舒適度的住宅

降低出入口高度
連接客廳與和室的出入口較低矮，
強調踏入另一個空間的感覺。

其實每個房間都一樣，與其他空間連接的方式，會左右其舒適度與使用方便性。本案例的LDK與樓梯間是寬敞的一室空間，和室的出入口也設在此處。由於LDK都在常用動線上，讓居住者在使用上相當方便，這時只要再針對各空間的連接方式多費點工夫，就能夠增添舒適感。

S＝1：100

保持適當的距離
選擇較寬的備餐台，為飯廳與廚房保持適當的距離。

小巧的書桌區
客廳角落設有小型書桌，並與裝飾架相連，消弭日常生活的雜亂感。

藉偏低的備餐台相連
飯廳與廚房之間以既寬且深的低矮備餐台劃分界線。此外，備餐台下方也是良好的收納空間。

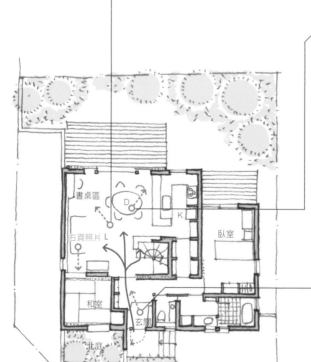

書桌區

右頁照片 L

臥室

和室

玄關

北庭

道路

▲

1F　S＝1：200　▼

生活要點
LDK是生活動線上的重要關鍵，居住者會常常行經這些區域。

視線盡頭處的庭園
打開玄關門廳的拉門，踏進客廳之後，視線的遠端就能夠接觸到庭園綠意。

藉挑空區
連接不同樓層

從橫向到縱向的連貫性

從二樓書房區俯視飯廳一景。能夠
看見飯廳、廚房皆與戶外的露台相
連，呈現出極佳的寬敞感。

挑

挑空區的類型五花八門，本案例的挑空區，即是用來連接不同樓層。挑空區位在一樓飯廳上方，二樓的房間則圍繞在四周。臥室與其他房間均設有能夠完全收進牆壁的橫拉窗，打開橫拉窗就能夠俯視一樓。書房區則設有固定式書桌，直接與挑空區相鄰。像這樣善用挑空區，就能夠讓二樓所有房間，與家庭歡聚的住宅中心LDK互相連貫。

飯廳是住宅的重點

挑空區將家裡各式各樣的場所串連在一起，其中最關鍵的即是飯廳。

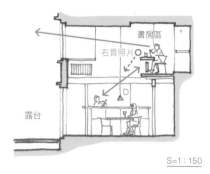

書房區
右頁照片
露台

S=1：150

挑空區是住宅的中心

飯廳上方的挑空區位在二樓的正中央，是生活中各處視線的交會點。

互相連通的室內外

從面向挑空區的臥室開口部，能夠望見另一間房間，同時也能看見戶外各處的綠意。

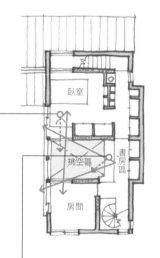

臥室

挑空區

書房區

房間

2F　S=1：200　▶

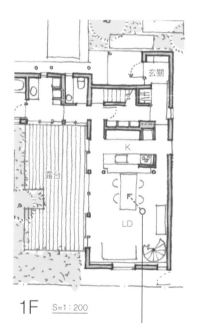

玄關

K

露台

LD

1F　S=1：200

視線能夠穿透挑空區看見綠葉

照片為走廊兼書房區域。透過挑空區看見的翠綠景色相當優美。

上下兩側的對外開口

照片為設有挑空區的飯廳。面向露台側設有大型對外開口，上方也設有高窗，能夠為住宅引進不同性質的光線。

藉窗戶與牆壁之間的關係，營造寬敞感與沉穩氛圍

開放感與沉穩感
藉由高窗的設置，使住宅在冬天也能獲得良好的南側光線；而高窗下的寬廣牆壁則讓室內氛圍得以沉澱。

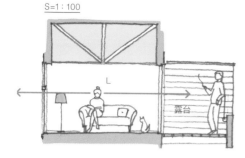

S=1：100

L

露台

牆壁與窗戶的關係
坐在沙發上時，兩側的視野都相當
開闊，背部牆壁則賦予人安心感，
同時兼顧了沉穩與開放。

這間小巧的住宅，總樓地板面積僅22坪。二樓除了LDK外，還容納了儲藏室與樓梯間，共約11坪。面向鄰宅的客廳南側設置了牆壁，視野開闊的西側則設有將客廳空間往外延伸約1.5坪的木質露台。露台的邊端豎立著木板組成的牆壁，強調出客廳與木質露台的一體感，使客廳給人比實際的樓地板面積更寬敞的感覺。

既相連又獨立
客、飯廳與樓梯間之間，
都設有玻璃門，只要將門
打開就能使空間相連成一
個整體。

設置縱向連接的窗戶
為了借入東側鄰宅的庭園美景，讓對外開
口起始於地板。而為避免發生墜樓意外，
下側採用固定窗，上側則設置通風用的雙
向橫拉窗。

廚房設在輔助動線上
本案例的格局，是以樓
梯間為中心將客、飯廳
區分為二。位居要地的
廚房則是輔助動線的主
軸，能夠直接通往客、
飯廳。

露台

L

右頁照片

D

儲藏室

K

2F　S=1：200

環繞的視覺
從樓梯間的窗戶也能夠看見木質露
台。打造視覺上的環繞效果，藉此
提升空間寬敞感。

007

卓越的空間深度

雖然玄關空間狹窄,但是正對著受到光線環繞的螺旋階梯,使人們踏進屋裡時,首先感受到的是空間的深度而非狹窄。

看起來比實際面積更寬敞的空間

這間四人家庭居住的房子，總樓地板面積為22坪，一樓11坪的面積中，設有LDK、衛浴（洗手間、廁所與浴室）與玄關。

儘管如此，若從玄關便能直接看見內部，未免太欠缺優雅感。所以設計師讓玄關與LD共用相同的天花板，藉由製造地面高低差、收納牆巧妙地做出區隔。如此一來，在視覺上互相遮蔽，空間卻合而為一，讓LD的寬敞感更勝於實際地板面積。

廚房與衛浴僅取使用上所需的最小面積，剩下的打造為客、飯廳，希望能設計出視覺上的寬敞感。因此，設計師決定將玄關納入使用空間，成為LD的一部分。

將隔間牆化為收納空間
隔開客廳與玄關的隔間牆，善用地板的高低差，使兩面空間都能夠用於收納。

S=1 : 100

極具彈性的隔間
結構所需的兩根圓柱，有彈性地區隔客、飯廳和玄關、樓梯間的空間。

道路

露台

本頁照片

LD

K

1F　S=1 : 200

打造出「獨立空間」
客、飯廳除了容納玄關外，還設有螺旋階梯。這幾個區塊雖然共享同一個空間，卻又擁有各自明確的範圍，藉此賦予居家生活沉靜氛圍。

相連的天花板
兼具收納功能的隔間牆後方是玄關，這面牆能夠從視覺上切割玄關與客廳，不過由於是兩者的天花板相連，因此仍能保有空間的寬敞感。

通往戶外的視線
照片為玄關的脫鞋處。玄關門上設有橫縫，以營造出仍未走到盡頭的感覺。

008

藉天花板的高度劃分「場所」

三種窗戶

客廳的天花板相當高，因此設有含高窗在內三種不同的窗戶，藉此打造出獨特的空間。

本案例的二樓是由ＬＤＫ一室空間組成，戶外的木質露台形式看起來就像從客廳凸出去一樣。雖然木質露台與客廳、飯廳、廚房各空間互相連通，卻透過不同的天花板高度，劃分出各自獨立的區塊。這種極具彈性的空間切割法，能夠讓居家生活更加靈活。

天花板高度變化

屬於一室空間的LDK，在往水平方向延伸的同時，透過天花板高度的變化，劃分出個別區塊。

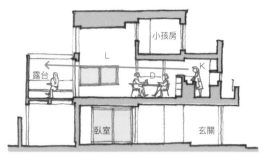

S=1：100

演繹出良好的空間深度

起始於木質露台的空間，會往客、飯廳與廚房不斷深入，共同勾勒出極具深度的空間感。

小巧的廚房

配置在精巧空間的廚房，挑高局部天花板，藉天窗引入自然光線。

2F　S=1：200 ◉

將視線軸安排在較長的方向

從廚房流理台前方望向露台時，視線能夠無盡延伸，形成開闊的視野。

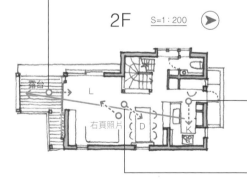

打造出圍繞感

為了賦予飯廳居家安心感，刻意在飯廳與廚房之間安排了偏高的收納架。

009
小型挑空區的效果

兩條視線軸
踏進室內後，映入眼簾的除了庭園綠意之外，還有透過挑空區的高窗望見的天空。

在光線反射下互相連通

二樓和室設有融和東西洋特色的隔窗，此照片即為打開隔窗後的俯視景象。從天窗灑入的自然光透過牆壁反射，使挑空區雖然窄小卻相當明亮。

家中的關鍵空間

乍看宛如隧道般的挑空區，是將家中各式各樣的房間串連在一起的關鍵空間。

S=1：150

小孩房　和室　K　D　L

拉開日式隔窗即是挑空區

打開二樓和室正面的日式拉門，能夠通往露台；打開左側的隔窗，則能從挑空區俯視一樓。

很多人對挑空區的既定印象，都是相當寬敞的挑高區域。

但是，其實只要在天花板開設小洞，就能夠成為「連接不同樓層的挑空區」。考量到挑空區在住宅中的主要作用，會發現最重要的不是挑空區的大小，而是如何在生活中將不同樓層牽繫在一起。

本案例就是在客廳沙發上方設置小型的挑空區，讓待在二樓和室的人能夠望見客廳的情況。此外，挑空區上方設有天窗，能夠將室外自然光帶往每一層樓。

牆壁與天花板的關係

客廳後方的局部天花板設有挑空區，沙發後方的白色牆壁則與木板材組成的天花板形成明顯的對比感，藉此引導視線往上。

1F　　S=1：200　　▼

露台　K　D　L　玄關　右頁照片

圍繞在挑空區四周

客廳沙發上方設有小型挑空區（黃色處），二樓的和室、小孩房與露台，則圍著挑空區配置。

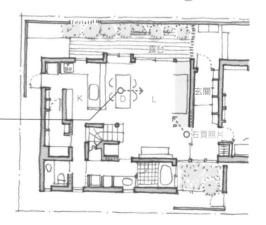

將主要起居空間設在北側

善用牆壁
從高窗灑入的自然光，會打在牆壁
上，反射至一樓。

引進從上方灑下的自然光

從一樓仰望樓梯間，會看見由上方灑下的間接光線賦予樓梯一帶柔和的光亮。

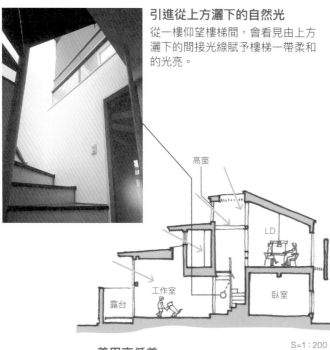

高窗

LD

工作室

臥室

露台

S=1：200

本住宅基本上會遵守從南側採光的原則，因此主要起居空間通常都配置在南側。但是本案例卻將LD設在北側，讓南側灑入的自然光透過樓梯間，自然而然地探入各個空間。不過實際上樓梯間比將樓梯間設在北側時反而

也並非安排在南面，而是藉由挑高天花板、設置高窗，讓住宅得以引入南側光線。從高窗灑落的光線，會透過樓梯間流瀉至一樓，照亮住宅的每一個角落，照入的光量豐富。

善用高低差

愈往北側前進，建築物的高度愈高。善用高低差，將南側的自然光導往各個區塊。

乍看完全開放的扶手

樓梯間的扶手採用使光線易於傳導至樓下的開放式設計，不過其實腳邊設有透明強化玻璃。

洗衣、室內曬衣區

K

LD

右頁照片

露台

挑高天花板的原因

挑高LD的天花板，能夠使LD與樓梯間融為一體，讓樓梯間的自然光直接灑進來。

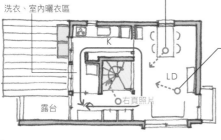

▶ 2F　S=1：200

將樓梯配置在中央

家中格局圍著樓梯間形成環繞動線，南側設有兼具通道作用的洗衣、室內曬衣區。

011

兩處用餐場所

挖地炬燵式矮桌
這張直徑達 1.4ｍ的圓桌，是以橡
木材質實木板製成，地下設有地暖
氣，能夠將腳放進凹槽。

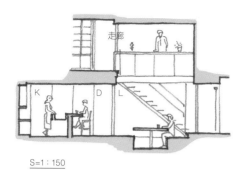

走廊

K　D　L

S=1：150

天花板高度差異

雖然兩處用餐場所相鄰，但是天花板高度不同。圓形矮桌上方設有挑空區，能夠望見二樓的走廊。

各位都在家中的哪個位置用餐呢？一個人用餐時，並不會特別在意位置，但是若和家人一起的話就另當別論了。事實上，未必要擺上餐桌設置飯廳，只要有能讓全家人一起用餐的空間即可。

本案例中並沒有擺放餐桌，而是設置兼具調理台功能的大型備餐台做為用餐空間；另外也建有能夠將雙腿放入底下凹槽的圓形矮桌，同樣可以做為用餐場所。

在一個空間裡創造兩個「場所」

本案例設有備餐台與矮桌兩處用餐場所，而這兩處又與挑空區、中庭與遊戲室等共同組成一個空間。

內嵌家事區

廚房旁的家事區刻意內嵌，避免太過顯眼。打開家事桌深處的小窗，可以看見遊戲室的狀況。

設有長台的廚房

加大廚房備餐台做為用餐場所，最多可容納五人寬裕入座。

Ⓐ 1F　S=1：200

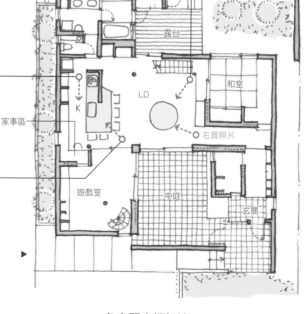

露台

和室

LD

K

右頁照片

家事區

遊戲室

中庭

玄關

各空間大幅相連

在同一空間各佔寬裕一角的LDK，與遊戲室、和室與中庭都大大相連。

012

縱向連接各樓層

從縱向連往橫向
照片為從三樓臥室俯視二樓客廳一
景。藉由讓客廳與戶外露台相連，
使空間更加寬廣。

縱向流動的光與風

雖然生活範圍被切割成不同樓層，但是藉由小洞與挑空區的牽引，使風與光也能夠縱向流動。

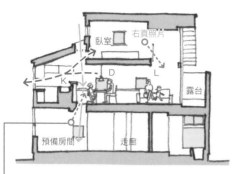

S＝1：200

在一室空間裡劃分不同的區塊

本案例的設計是使各區域散布在一室空間各處，因此藉樓梯間、設有較高牆壁的露台以及挑空區等，打造出擁有彈性界線的不同區塊。

3F S＝1：200

2F S＝1：200

戶外光線也照得到一樓

一樓預備房間天花板開設小洞，藉此讓二樓廚房天窗的自然光灑落至此處。

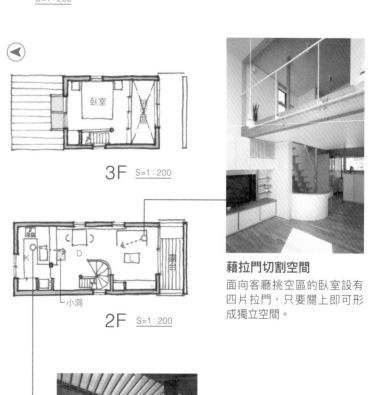

藉拉門切割空間

面向客廳挑空區的臥室設有四片拉門，只要關上即可形成獨立空間。

善用天花板的高低差

廚房天花板比飯廳更高一些，設計師利用這段落差，打造出與樓上臥室的連貫感。設在臥室牆腳的開口處，也可以藉由拉門關閉。

正因為是總樓地板面積僅20坪的三層樓建築物，所以更須強調縱向的貫通空間，以帶來比實際面積更加寬敞的感受。

三樓臥室與二樓客廳的挑空區、廚房半挑空區相連，此外，二樓飯廳的地板設有嵌入強化玻璃的小洞，使光線能夠穿透至一樓的預備房間。本案例設有許多像這樣的小洞，藉此加深各區塊的關聯性，縮短身處各樓層的家人之間的距離。

013

藉無隔間LDK
打造空間景深

能夠分工合作的廚房
開放式廚房的大型調理台上,設有
輔助用的流理台,適合許多人在這
裡愉快的烹飪。

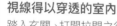

S=1：150

創造出流動性
善用天花板高度與窗戶位置等，就能夠打造出具有深度感的一室空間。

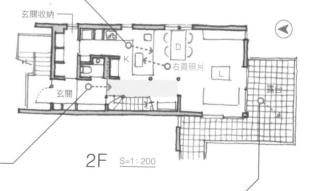

打造出深度感
當站在流理台前面時，視線可以穿透客、飯廳，望向後方的綠意，為 LDK 所組成的一室空間大幅增添深度感。

兩根獨立柱
一室空間裡豎立著兩根獨立的圓柱，為樓梯附近的通道（黃色區塊）劃分明確的動線區域，使其他部分（LDK）成為休息空間。

玄關收納

玄關

K

D

右頁照片

L

露台

2F S=1：200

在規劃 LDK 的時候，若沒有經過深思熟慮，就很容易會失去起居空間應有的沉穩感。但是只要將一室空間的特性引導出來，就能夠打造出舒適的 LDK。

本案例屬於南北狹長的空間，因此便設計了南北向的視線軸，讓視線能夠穿透至南側大型露台，以及更遠的庭園綠意。

視線得以穿透的室內
踏入玄關、打開拉門之後，視線就能夠直接穿透到後方的露台。此外，階梯也會引導人自然而然地往上層移動。

偌大的露台
站在大型的南側露台上，會發現樓下的庭園綠意正好與視線同高，讓人能夠愉快賞景。

014

客廳與樓梯間的中庸關係

藉挑空區相連
照片正面的牆壁擋住了樓梯，所以待在客廳看不見樓梯間，但是愈接近樓上，便愈能感受到客廳與樓梯之間的連繫。

單　看平面圖的話，會覺得樓梯間是獨立的，不過實際上是透過挑空區與客廳相連，使上方形成相當寬敞的空間。步上樓梯的轉角處時，客廳的景色會逐漸映入眼簾，接著便可感受到樓梯間與客廳合而為一。

在規劃居家格局的樓梯間位置時，必須考量屋主一家人的生活型態。樓梯間的類型包括獨立型、與客廳相連的同居型，以及如本案例可說是中間型的空間構成。

打造樓層的連貫感
為了營造出不同樓層間的連貫感，設計師不僅將樓梯的隔間牆縮減到最少，也未使用樓梯豎板。

2F

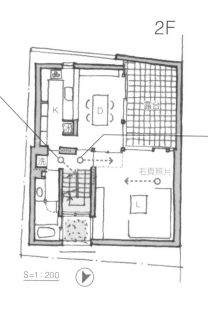

S＝1：200

拉門的功用
客廳與飯廳、樓梯間之間分別設有隔間用的拉門，平常只要將拉門收到牆邊，就能夠形成互相連繫的空間。

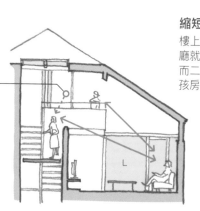

藏起拉門
這是從樓梯間旁望向客廳的一景，雖然兩者相連，但是拉出藏在牆邊的拉門時，就能夠將樓梯間與客廳區隔開來。

縮短客廳與小孩房的距離感
樓上設有小孩房，因此大人待在客廳就能夠看見孩子上下樓的狀況。而二樓面對挑空區的位置，正是小孩房前的走廊。

S＝1：150

營造出穿透感
從樓上走廊望向樓梯間的一景。樓梯四周的牆壁，以不同的形式穿透至其他空間，藉此消弭封閉感。

015

能夠靈活運用的一室空間

低矮天花板能夠營造寧靜感
屋頂下設有小巧閣樓，而閣樓下方
形成天花板低矮、寧靜沉穩的空間。

保有特有的「場所」
賦予天花板高低變化，使各個區域形成各自獨立的「場所」。

S=1：200

私人度假屋的功能相當豐富，可以獨自在此悠閒休息、一家在此和樂團聚，也可以邀請許多朋友一起歡聚等。如果能夠為這些功能各自準備一個適當的房間，就再好不過了，但是其實只要備妥一間能夠彈性使用的房間，就足以應付這些需求。

本案例是在一室空間中，建立閣樓式的二樓，使一個天花板下涵蓋了三個「場所」。如此一來，不管是獨自享受平穩氛圍，還是邀許多人一起同歡，都相當適合。

融入大自然的露台
LD的外側設有與室內同寬度的木質露台，使室內與戶外的植栽綠意，保持恰到好處的距離感。

避免空間浪費
除了LDK與二樓閣樓以外，只有一間衛浴與小巧的臥室，將空間浪費程度縮減到最小。

右頁照片

1F　S=1：200

露台

臥室

LD

K

衛浴

玄關

藉備餐台劃分界線
廚房與飯廳之間設有較低矮的備餐台，藉此劃分出各個「場所」。

具凝聚力的照明
懸吊在傾斜天花板的吊燈燈光，能夠賦予餐桌一帶凝聚力。

016

藉樓梯切割空間

藉開口部劃下界線

這是視線從飯廳出發，隔著樓梯間
望向客廳一景。樓梯間的窄窗，將
牆壁分割成飯廳側與客廳側，藉此
劃分出明確的界線。

基地狹窄時，通常一層樓裡只會有LDK而已。

當LDK放滿一層樓時，肯定會有通往其他樓層的樓梯，這時如果藉樓梯切割客廳與飯廳的話會如何呢？這麼做的話，就能夠讓凝縮在同一層樓的三個空間（客廳、飯廳與廚房），各自形成應有的氛圍，演繹出獨有的沉穩感。

這時，即使採用開放式廚房，也能藉調理台劃分界線；但另一方面，客廳和飯廳則會同在沒有間隔的空間中——這樣的格局不會不好，只是很容易失去各區域應有的穩定感。出現這類情況時，則可針對客、飯廳，想辦法在兩者之間設立較具彈性的界圍，演繹出獨有的沉穩感。

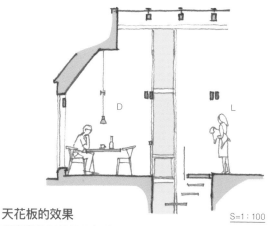

天花板的效果

S=1：100

飯廳側的天花板局部降低，藉此營造出沉穩氛圍。

低於腰部的矮牆

傾斜天花板下方的客廳與飯廳雖然相連，卻能夠藉由低於腰部的矮牆，劃分出明確的界線。

3F　S=1：200

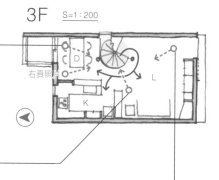

右頁照片

環繞動線

就算是矩形空間，也能夠漂亮地容納客廳、飯廳與廚房這三個空間。從樓梯出發的動線圍繞著樓梯間行進，就不用擔心在行動時會擾亂其他區域的氣氛。

曲面矮牆

這座矮牆遮住了通往樓下的樓梯口，並依螺旋階梯的形狀打造出曲面，營造出自然流動的動線。

藏住廚房下半部

從客廳望向廚房時，調理台與收納櫃能夠擋住容易雜亂的部分。

017

便於使用的
家事區

圍繞之餘兼顧開放感
家事區雖受到書架與矮牆環繞，但
是上半部是對外開放的，所以能夠
在保有沉穩感的同時不會感受到封
閉感。

本案例的廚房與家事區相鄰，使其既與廚房相連，又能夠保有良好的獨立性。

不過由於中間設有通道，使分別坐落在通道左右的兩個區塊各自擁有良好的獨立感。由於本案例的家事區，是女主人工作兼閱讀的地方，所以便配合她的生活模式，

雖然統稱是家事區，不過實際使用方法卻很豐富，只要是依使用者生活習慣規劃出的家事區，都會是方便實用的場所。

牆壁高度是關鍵

坐在椅子上時，會受到家事區作業台前方的牆壁圍繞，但站起來的話視野又會瞬間開闊。

家事區

走廊

S=1：50

將空間串連起來

走下階梯後，腳邊就是家事區的上側，繼續走的話就能夠通往深處的廚房。

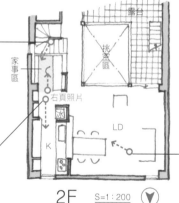

家事區

右頁照片

露台

挑空區

冰

K

LD

2F　S=1：200 ▼

廚房的三面牆壁

雖然是開放式廚房，卻設有三面牆，分別是瓦斯爐前的牆壁、藏起冰箱的牆壁與家事區的書架，藉此讓廚房對客、飯廳開放之餘，又能夠讓作業區保有適當的獨立性。

I型廚房的基本形態

這間開放式廚房選擇了最簡樸的I型格局，流理台前設有矮牆可以遮住手邊，照片右側則為餐具收納區與作業台。

營造出沉穩感

飯廳旁的矮牆設有收納空間，後方則為廚房。這個矮牆收納能夠適度地擋住餐桌一帶，營造沉穩的氛圍。

小巧且合理的
家事動線

受到自然光環繞的廚房
小巧的開放式廚房，讓人不管站在
哪裡，都能夠沐浴在戶外光線下。

在地板面積有限的時候，會將LDK與衛浴空間設在同一層樓，如此一來，就能夠將所有與家事相關的空間聚在一起。例如在衛浴空間脫下的衣物會拿到食品儲藏室清洗，接著再拿到露台曬乾，或是在樓梯間前的小空間晾乾。規劃室內格局時，必須像這樣重視家事動線，全盤考量所有生活需求。

小型挑空區的效果

廚房上方設有小型挑空區，打開拉門的話，就能夠與樓上臥室相連。待在臥室時，則可透過廚房窗戶望向戶外。

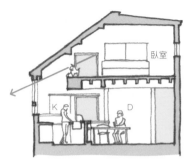

臥室

K　D

S=1：150

受到牆壁環繞的露台

狹窄的一室空間與狹窄的露台相連，創造出寬敞的空間感。設在露台四周的圍牆，則使室內感覺起來更加寬闊。

上半部敞開的隔間牆

本案例藉隔間牆隔開客廳與樓梯間，由於隔間牆的上半部是開放的，使樓梯間天窗灑入的光線能夠一併照亮客廳。

◀ 2F　S=1：200

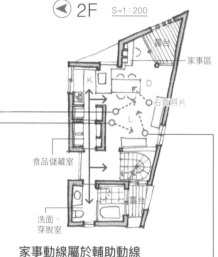

露台
家事區
K　D
右頁照片
L
食品儲藏室
洗面、穿脫室
露台

家事動線屬於輔助動線

將洗面穿脫室至廚房連成的輔助動線，打造成家事動線。輔助動線的存在，讓住宅更顯寬廣。

將狹窄空間擺在一起

飯廳後方設有家事區，不過因為有露台的存在，消弭了原有的狹窄感。

往四面八方延伸

客廳上方的挑空區,使其與屋頂下方的空間互相連通,這種做法不僅擴展了縱向空間感,還能使飯廳看起來更具景深。

019

讓客廳與飯廳錯開相連

很多人都認為，將客、飯廳擺在同一個空間比較符合生活型態。因此儘管每棟住宅的格局不盡相同，但通常都會讓客、飯廳連接在一起。最常見的類型就是在矩形空間中使客、飯廳並列，以因應需求調整可用空間。若是空間運用能多一點彈性的話會較為便利。不過，這麼做雖然能夠增添使用上的方便性，但是卻可能剝奪客、飯廳應有的寧靜感。

想要擁有寧靜感，就必須在配置上多費點心思。其中一個方法，就是錯開客廳與飯廳。「錯開」能夠使各區域擁有明確的專屬空間，進而衍生出寬敞感。為什麼這樣就能讓空間顯得寬敞呢？因為「錯開」能夠拉長對角線距離，使視線軸更加深遠。各位不妨考慮一下，要不要試著將客、飯廳錯開看看呢？

兩種氛圍

客廳的天花板較高、飯廳的天花板則較低，這種由天花板高低展現出的對比感，能夠強化這兩個區塊的開放與沉穩氛圍。

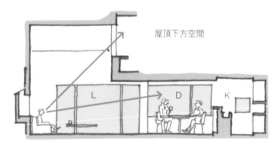

屋頂下方空間

S=1：150

適度隱藏可增添寬敞感

站在廚房時，視野會往飯廳與更遠的客廳擴散開來。雖然只看得見一半的客廳，但是卻反而營造出客廳相當寬敞的錯覺。

輔助動線＝家事動線

這邊設有「走廊→食品儲藏室→廚房」這條輔助動線，並將家事區設在這條動線的途中。

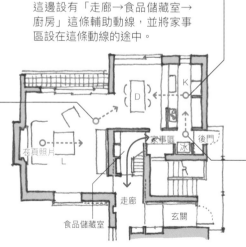

K

D

家事區

冰

後門

本頁照片

L

走廊

食品儲藏室

玄關

3F　S=1：200　▶

打造出圍繞感

刻意將客、飯廳錯開之後，飯廳便受到牆壁圍繞，與廚房之間的矮牆也加深了此處的沉穩感。

考慮到廚房是工作的地方

雖然這裡選擇了開放式廚房，不過在調理台前還是設置了牆壁，藉此維持做為廚房的獨立場域感，使其即使面向飯廳開放，仍然保有工作場合應有的獨立性。

一室空間型衛浴（3 in 1）
浴室區（浴缸、淋浴間）與洗手間
區（洗手台、廁所）之間設有透明
的玻璃隔間，在視覺上呈現三合一
的衛浴空間，表現出開放感。

020

從臥室直接
走向衛浴空間

規　劃格局的時候，衛浴位置是很重要的一點。由於沐浴與洗臉是最私密的行為之一，所以很多人會希望將衛浴設在臥室等個人空間附近。另一方面，若將洗衣機設在洗面穿脫室，這裡就會染上濃重的家事色彩，而考量到家事動線的話，也必須設在廚房附近比較好。

規劃衛浴的時候，只要依各自的生活型態安排即可。以本案例來說，則是以鄰近臥室為優先考量。

S=1：100

洗手台上方的天窗
洗手台上方設有天窗，能夠引入明亮的自然光。

兩種不同的窗戶
臥室裡設有能夠分別引導視線往上及往下的兩種不同性質的窗戶。兩者都是縱向連接的開口，能夠局部開關窗戶，藉此調整通風程度。

直接通往洗手間
不用經過走廊，就可以直接從臥室走向洗手間。

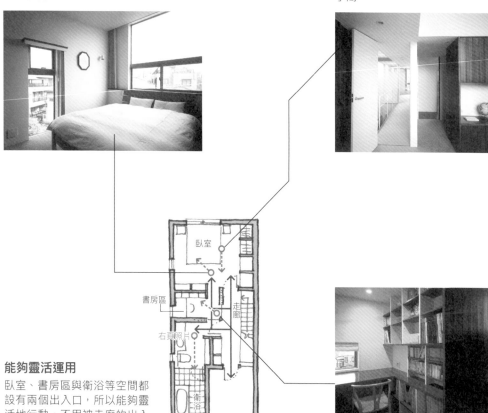

臥室

書房區

走廊

右頁照片

衛浴

3F　S=1：200　▼

能夠靈活運用
臥室、書房區與衛浴等空間都設有兩個出入口，所以能夠靈活地行動，不用被走廊的出入口侷限。

書房區具緩衝效果
連接臥室與衛浴的書房區，能夠做為兩者間的緩衝空間。

021 設有寬廊的和室

受到反射光線圍繞
穿透日式拉門的光線，透過天花板
反射後，從楣窗透進室內，使和室
受到柔和的光線包圍。

傳統的和室，會透過寬廊與戶外相連，形塑出獨特的意趣。

此外，為了避免雨水或日照傷及和室榻榻米，因此以木板材鋪設的寬廊，可說是相當重要。

而現代的住宅已經能容易地防止雨水與日照侵蝕，使寬廊失去了存在的必要性。儘管如此，本案例仍配置了寬廊，並設置隔間用的日式拉門，藉此抑制照進和室的光線，營造出靜謐沉著的氛圍。

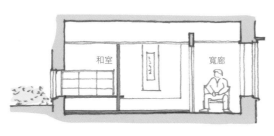

大型壁龕的功能
雖然深度只有60cm，但是將背對窗戶的裝飾架與中心柱合而為一，仍為壁龕爭取到良好的寬度。

S=1：100

和室　寬廊

低調的佛壇
佛壇就設在寬廊的一角，關上日式隔窗的話，就能夠擋住這小小的區塊。

天花板面的連結
開放的楣窗，使和室與寬廊的天花板相連，如此一來，即使關上拉門仍可感受到良好的一體感。

2F　S=1：200

與戶外保持距離
這間和室設有兩處開口，其中之一透過寬廊通往戶外，另一個則藉由植栽區與鄰宅保持恰到好處的距離。

封閉式廚房也很方便

好用的封閉式廚房
行經I型廚房與備餐台收納，就抵達家事區，飯廳則位在備餐台收納前牆壁的另一端。

滿足各式各樣的機能

區隔廚房與飯廳的牆壁，同時也是擺放調理機器的收納設備。而這裡設有對外開口，方便從廚房端菜出去。

S=1：100

近年來，開始會在住宅設置開放式廚房，使其與客、飯廳直接相連，藉此使廚房深入居家生活。但是，開放式廚房並非一定比較優秀，有些生活模式還是比較適合封閉式廚房。因此本案例就選擇了封閉式廚房，在廚房一角設置家事區。此外也設有配膳口，如此一來，要從廚房端菜到飯廳就方便多了。

具收納功能的家事區

桌子上方設有書櫃以及收納門櫃。

方便的配膳口

餐椅後的牆壁設有小型開口，適合暫放準備端上餐桌的菜餚，平常可將乳白色的玻璃門關上。此外，上側採用透明玻璃使廚房與飯廳形成視覺上的連貫性。

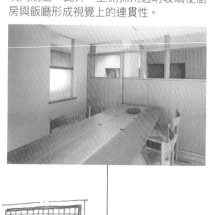

與衛浴區相連

從廚房穿越洗手間，就能通往更深處的浴室。

環繞的家事動線

飯廳與洗手間都設有通往廚房的出入口，藉此打造出環繞式的家事動線。

家事區
露台
讀書區
K
D
L
右頁照片
挑空區
洗手間
玄關門廳

1F

S=1：200

滿盈自然光
二樓設有兼具閱讀區功能的樓梯間，並設有天窗引入自然光線。

023
融入生活的
閱讀空間

當地板面積足夠時，便可以將這份從容具體打造成形。但是，如果沒有依生活模式量身打造的話，這份從容就可能會流於形式。

本案例的家庭成員都有閱讀的習慣，因此便設計了與每個人房間相連的閱讀區。由於閱讀區與樓梯間合而為一，也成為家庭成員在生活中經常往來的空間。

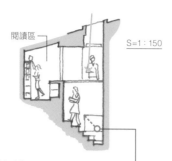

閱讀區　　　　　　　S=1：150

縱橫相連
住宅以設有挑空區的樓梯間為中心，以不同形式與各房間相接。

藉光線拉近關係
從一樓望向樓梯間一景。自二樓天窗灑下的自然光，拉近了一、二樓的關係。

兼具閱讀功能的樓梯間
從二樓書房望向樓梯間一景。從二樓的每一間房間下樓之前都會先經過閱讀區。

鄰近其他房間
小孩房呈現與樓梯間相嵌的狀態，只要拉開兩扇角落的拉門，使小孩房透過樓梯間更靠近一樓的LD。

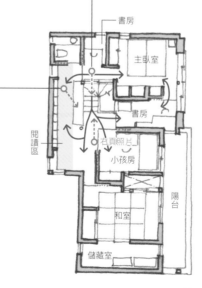

書房
主臥室
書房
閱讀區
右頁照片
小孩房
陽台
和室
儲藏室

2F　S=1：200

以樓梯為中心的格局
將樓梯間擺在屋主夫婦各自的書房中心，形成環繞動線。閱讀區（黃色部分）則與樓梯間融為一體。

小巧的LDK也能夠各自獨立

宛如光之室的樓梯間

從飯廳望向往下樓梯口的一景。從
面向南側的大窗照入的陽光，經由
樓梯導向飯廳。

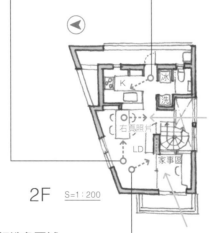

將LDK都集中在小巧樓層時，為了盡量爭取客、飯廳的面積，通常會形成連廚房與樓梯間都一覽無遺的空間。視覺上毫無阻礙，也是增添空間寬敞感的方式。

但相反的，各個區域都會有不想外露的部分，所以有時也會藉由稍微遮掩各區域，表現出空間深度與寬敞感。只要在為各區域劃下有彈性的界線同時，考量到生活需求，就能夠在有適當遮蔽的情況下，營造出寬闊的視覺效果。

S=1：150

善用閣樓收納空間

受到道路斜線限制[譯註]影響而形成的傾斜屋頂，由於提高了部分天花板，因此得以在飯廳側設置可爬梯上去的閣樓收納空間。

譯註：日本的《道路斜線限制》為確保住宅日照、採光與通風的法令，以建築物前方道路的對向邊界為起點，依規定角度從該點往建築物方向畫出斜線（＝道路斜線）後，則建築物的高度不得超出該斜線。

打開拉門就可看見閣樓收納空間

樓梯間

藉收納櫃劃分界線

餐桌後方的收納櫃具有區隔飯廳與廚房的功能，讓人不會意識到廚房的存在。另外，考量到飯廳側的收納使用方便性，將收納櫃分成上下兩層，並設置拉門。

隱藏作業區

雖然是開放式廚房，不過藉由矮牆擋住流理台一帶，瓦斯爐周邊也設有牆壁，因此待在飯廳不容易看到廚房作業內容。

2F　S=1：200

依日常生活打造各區域

雖然LD空間狹窄，但是各區塊都符合生活需求。此外，廁所設置在不容易看見的地方。

藉拉門調節開放程度

家事區如照片所示，在兼具收納功能的長桌上設有拉門，打開的話就與樓梯間互相貫通。此外，從中央牆壁拉出拉門的話，家事區就能形成獨立空間。

打造出寬敞感的方法

受環繞的沉穩氛圍
這邊刻意提高窗下的矮牆，如此一
來，儘管窗戶很大，也能夠遮蔽與
鄰宅之間的視線，同時也賦予飯廳
受到包圍的安心感，營造出平穩靜
謐的氣氛。

受到圍繞的同時又充滿穿透感

受到牆壁環繞的飯廳，藉由挑空區與樓上的小孩房相連。

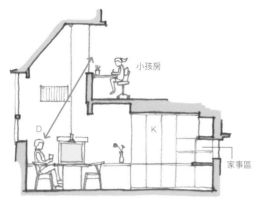

S=1：100

本案例的客、飯廳中間隔著樓梯間，形成各自獨立的空間。

剛好可容納六人座餐桌的飯廳，從平面圖來看會覺得窄迫，但是實際上卻非如此。因為旁邊設有僅擋住手邊狀況的開放式廚房，使兩者空間合而為一；同時也藉上方的挑空區，讓飯廳與樓上的小孩房形成縱向連接。

只要飯廳擁有必要的功能，就不必使用多餘的地板面積，這時應更重視飯廳與其他空間的連貫感，如此一來，反而能使飯廳功能更加豐富。

剛好占滿空間的餐桌

此為站在樓梯間俯視飯廳與後方廚房一景。餐桌尺寸配合飯廳的空間範圍，是為了追求生活方便性而特別訂製的品項。

一體感與作業性

與飯廳融為一體的開放式廚房，因為流理台前設有矮牆，使其仍保有調理區的獨立與私密感。

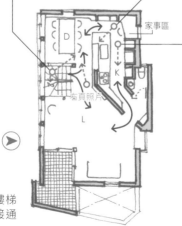

可自由選擇動線

客廳與飯廳分別位於樓梯左右側，兩邊都可直接通往廚房。

2F　S=1：200

環繞動線

廚房也位在環繞動線上，雖然能夠直接通往客廳，但是視線卻有所遮蔽，不會一眼就看盡整個居家景色。

第 **2** 章 ≡

「動」之演繹

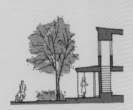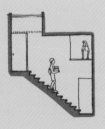

相較於第1章介紹的「靜」，專為移動而打造的空間稱為「動」。所謂「動」的場所，包含出入口、玄關、走廊與階梯等等。

電影、連續劇領域所談到的段落（sequence），是指藉連續的場景形成的一段情節。用於住宅上，則是指空間場景在連續發展的同時，持續產生變化的樣態。

以移動用場所來說，玄關就是脫鞋子、樓梯就是上下樓，每個場所都有各自應追求的功能性與方便性，然而這些個別的條件，卻也是形成「段落流暢感」的重要因素。

出入口與玄關應散發出將人們引導進室內的深度感；室內有樓梯的話，則應讓人隨著上下樓體驗到不同性質的風與光。由此可知，移動用場所具備豐富的性質，能夠使日常生活更加潤澤。

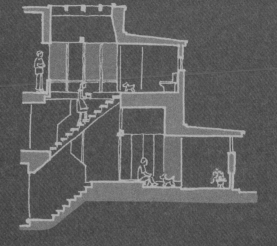

026

面向道路時，
既開放又封閉

紀念樹
這是入口的紀念樹，設在玄關門正
前方，能夠強調其象徵意義。

建築物與道路之間的關係，會左右其散發出的氛圍，也會對屋內的生活方式產生影響。

這棟住宅的出入口面對道路開放，且在門前種有一棵紀念樹譯註1。另一方面，建築物與道路之間的小小餘白則設置坪庭譯註2朝室內開放，並在外側設有偏高的圍牆與道路區隔。

譯註1：日本的紀念樹（シンボルツリー，symbol tree）對住宅來說具象徵意義，除了用來說家庭重要事件外，也有襯托建築物的效果。

譯註2：即建築物之間或取局部基地打造成的小型庭園。

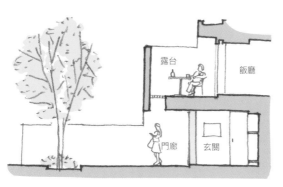

樓上的露台是樓下的屋簷　　　S=1：150
入口門廊的上方，設有向外大幅伸出的露台，成為有深度感的空間。

從外而內，一氣呵成
玄關內的局部牆面，與外牆一樣採用清水混凝土，表現出內外連貫感。

往外延伸的露台
從室內望向坪庭一景。露台占地雖小但仍鋪設磁磚，將室內外連結在一起。

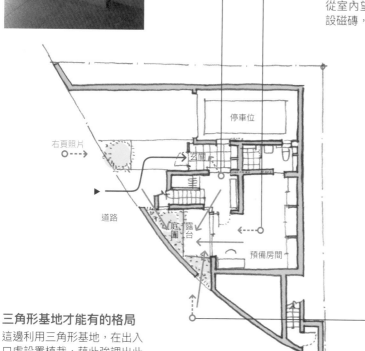

停車位

右頁照片

玄關

道路

庭園　露台

預備房間

1F　S=1：200

三角形基地才能有的格局
這邊利用三角形基地，在出入口處設置植栽，藉此強調出此處的寬裕感。小小的三角形坪庭在被圍繞之餘，仍維持與其他區域的連通性。

展現植栽的綠意
混凝土圍牆內側設有庭園，並從圍牆上方自然地探出植栽綠意。

027

藉躍廊式設計（skip floor）
打造連貫感

若有似無的連接感

這是踏上樓梯一半後，俯視玄關的景象。
省略豎板的樓梯，呈現踏板飄浮在半空中
的視覺效果。支撐樓梯的隔間牆也設計了
開口，以強調空間連貫感與深度感。

從玄關仰望上方可看見挑空間，即可強化各樓層間的關聯性，為小巧住宅增添深度，使感受到的寬敞度大於實際面積。在本案例中，一樓各區塊都比玄關高上半層。

區，面向室外的縱長窗戶引進自然光，並透過挑空區灑向各樓層。

像這樣打造出縱向相連的空樓，藉此延長實際距離感。

既錯開又相連

各樓層都能夠藉由挑空區俯視玄關。地下室則僅比玄關低半層樓而已，所以走向地下室時不太會感受到封閉感。

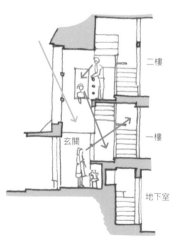

二樓

一樓

玄關

地下室

S＝1：150

創造出空間景深

打開玄關大門後，視線就會跟著樓梯往上升，藉此感受到卓越的空間深度。

各區域空間互補

光看平面圖的話，絕對不會覺得玄關很寬敞，但是這邊藉由玄關與樓梯的互補，確保空間的寬闊感。

溫暖的氣氛

對外開放的玄關挑空區點亮燈光後，能夠向外展現出居家生活的溫馨。

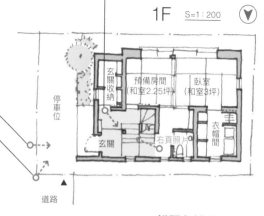

1F　S＝1：200　▼

停車位

玄關收納

預備房間
(和室2.25坪)

臥室
(和室3坪)

衣帽間

玄關

右頁照片

道路

錯開各樓層

除了玄關與收納區外，各區域都比玄關高半層樓，但是其他區域的高度都相當，所以不會造成生活上的不便。

028

空間深度
也是一種屏障

大量的自然光
雖然玄關位在住宅深處，但是牆上
設有整面的霧面玻璃固定窗（乳白
色），在受到柔和光芒環繞之餘，
又不必擔心戶外目光。

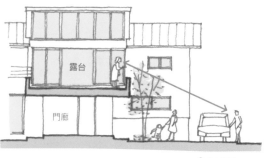

本案例必須先走過備用停車位，才能走到深處的玄關。極具深度的入口通道，會溫柔地迎接家庭成員。

面向道路一側雖未設置圍牆或門板，但是住宅與道路之間的距離，即是最佳的屏障。即使入口一帶對外開放，良好的視野反而能夠提高防盜效果。玄關門廊內側則設有平常都會上鎖的柵門，打開後就能夠通往庭園。

S=1:200

從露台迎接家人歸宅
入口門廊上方設有與二樓客廳相連的大型露台，能夠俯視入口通道，適合做為迎接家人歸宅的場所。

平常用途多元
雖然玄關平常會對外敞開，但是脫鞋處與門廊之間設有兩道可以遮蔽室內的拉門，可藉此切割成兩個空間。

往下灑落的自然光
與玄關門廳相連的螺旋階梯。從二樓灑入的自然光，會透過牆壁反射至玄關門廳。

S=1:200

1F

停車位

道路

臥室

走廊

收納

右頁照片

玄關

庭園

門廊

戶外生活動線
入口門廊（黃色部分）左右兩側分別是通道與庭園，玄關旁則設有大型收納，串聯成流暢的外圍生活動線。

藉植栽自然隱蔽
玄關門廊前種有連根多幹的夏山茶，能夠輕巧地遮蔽視線。

斜向延伸的路徑
這是從受綠意覆蓋的通道望向門廊
一景，斜向進屋的路徑有助於增添
景深。

029
不設置圍牆的選項

道

路與建築物之間設有可停放兩部車的空間，旁邊則有通往玄關的通道。

自宅空間（包括停車位）與道路之間，是否需要設置圍牆？至今仍有很多不同的意見，因為只要設置圍牆和門板的話，就能夠明確宣示私有領域。不過仍可以像本案例一樣，不設置圍牆，而是藉由植栽劃下和緩的領域界線，連帶使街景更顯開闊。

道路　門廊

S=1：150

種植大樹
藉由在入口門廊前種植大樹，將玄關一帶溫柔地包圍。

反射間接光
從玄關門廳望向脫鞋處。從玄關射入的光線為間接光，能夠透過牆壁反射照亮室內。

寬敞偏低的圍繞感
架設大片屋頂的入口門廊，擁有較低的天花板，營造出被包圍的安全感。

右頁照片
玄關
門廊
道路
停車位
K
D
中庭

1F　　S=1：200

騎樓的用途
停車位後方設有騎樓，既是雨天時的通道，也是停車位與建築物間的緩衝區。

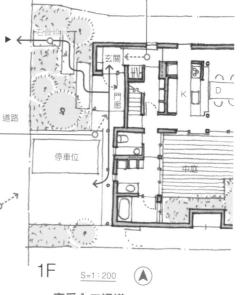

享受入口通道
本案例刻意將連接道路與玄關的通道和停車場分開配置，並演繹出行走其中時的愉快氛圍。

030

為相鄰的空間
打造出對比感

狹窄玄關的前方

從室外踏進玄關後，視線能夠穿透
狹窄的玄關，通往樓梯間的挑空
區。

當樓層的地板面積較小時，樓梯就兼有走廊功能，使得玄關與樓梯位於相鄰的位置。

本案例在玄關與樓梯間之間設有拉門，雖然因為占地狹小的關係，使玄關空間有限，但是打開中間拉門後，樓梯間大型挑空區便會映入眼簾，帶來強烈的對比感。此外，這扇拉門還有助於阻隔易受戶外空氣影響的玄關，避免室內氣溫產生劇烈變化。

家事區

玄關

採光井

音樂區

S=1:200

以樓梯間為中心
以樓梯間的挑空區為中心，將空間分量各異的區塊相連在一起。

藉一扇拉門隔離
在通往二樓的樓梯途中，能夠望見一樓的玄關空間。樓梯間的大型挑空區雖然與狹窄的玄關區相連，但只要關上拉門就能夠阻隔。

空氣的流向
照片為樓梯間與隔壁的臥室。臥室深處與樓梯間的挑空區相連，使空氣能夠流通不沉悶。

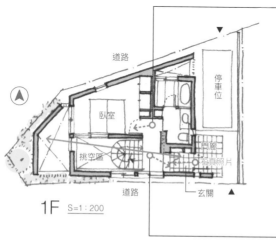

道路

停車位

臥室

門廊

挑空區

右頁照片

道路

玄關

1F S=1:200

從戶外通往戶外的視線軸
入口門廊、玄關與樓梯間組成一直線的視線軸。而踏進玄關後，還能望見遠處的戶外。

藉狹窗連接空間
樓梯間、玄關、入口門廊是連續相連的空間。而切割這些空間的門旁邊都設有狹窗，如此一來，就算關上門也能讓空間相連。

031
將入口打造成庭園

增添連通感的裝飾材
玄關與入口門廊,都使用相同材質的
磁磚,藉此營造出連貫感。與道路之
間則設有格柵,和緩地劃分界線。

坐

落在都市的住宅，很少有充裕的空間可以設置庭園。因此本案例便以入口一帶取代庭園，並積極將室內外牽繫連結，成功將入口周邊打造成寬敞又迷人的空間。

此外，入口門廊上方設有從二樓飯廳延伸出來的木質陽台，雖然無法擋雨，但是仍為入口處增添幾分安適感。

與其他空間相連

二樓的陽台、兼具多用途空間的玄關等，都與入口處有互相連接的部分。

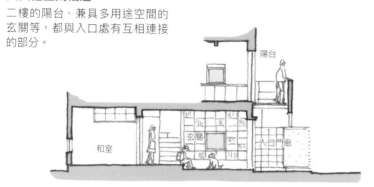

S=1：150

擁有坪庭的作用

浴室旁有一小塊植栽，是屬於入口處的一部分，同時兼具坪庭的功能。

能夠遮蔽視線的植栽

門廊前設有植栽區域。推開照片中的格柵型木門，就能夠踏進玄關。

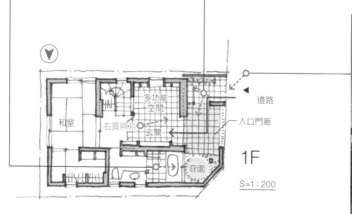

1F

S=1：200

玄關兼具多用途空間的功能

玄關不僅是單純的玄關，還兼具多用途空間的功能，並與入口門廊互相連通。

拉長入口的距離

踏進基地之後，必須先打開鐵製格柵門，才能看到入口門廊。

032

在入口
打造出流動感

互相貫通卻相當沉穩
雖然入口門廊與庭園的木質露台相
連，但是中間的鐵製格柵門平常都
會上鎖；此外，由於設有矮牆，能
夠營造出安穩放鬆的氛圍。

停

車位的局部與入口通道融為一體，再深入走進並從道路側走上幾階台階便會到達入口門廊。而門廊由袖壁 譯註 與天花板等輕緩地包圍，表現出良好的沉穩感。

此外，戶外生活動線也相當流暢，能夠輕易走向庭園露台。

譯註：日本的袖壁專指凸出於建築外的牆壁，具隔音、遮蔽視線與防火等機能。

藉地面高低差創造流動感

藉由入口門廊、玄關脫鞋處、一樓地面的高低差，以及天花板的高度變化，指引進屋者自然而然地朝著室內前進。

玄關門廳　脫鞋處　門廊　停車位

S=1：150

藉植栽分區

站在玄關門廳時，視線可以穿越脫鞋區、門廊望見前方的植栽。此植栽能夠將生活範圍與停車位區隔開來。

引人踏入深處

踏進玄關後，映入眼簾的即是樓梯。從上方天窗灑下的柔和光線，能夠吸引人們踏進住宅深處。

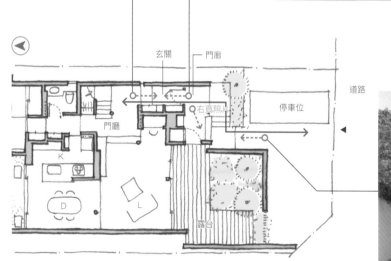

玄關　門廊　道路

右頁照片

門廳　停車位

K　D　L

露台

1F　S=1：200

階梯、繞路、植栽

想要走到門廊，必須先穿過停車場再踏上階梯；這種刻意繞路的動線設計，以及玄關前放置的植栽遮蔽，為入口通道處的各區域劃下明確的界線。

半戶外的「場所」

照片為站在兼具停車功能的入口通道，望向入口門廊的景象。可以發現門廊帶有半戶外的氛圍。

033

符合生活需求的入口

考量到生活機能

踏上階梯後，就能看見騎樓下寬敞空間深處的玄關。階梯左下角是自行車停放處，後方的門則是用來倒垃圾的後門。

這棟住宅的一樓比道路高半層樓，除了主要玄關以外，還設有公事客戶專用玄關、家事動線專用出入口等，擁有多個連接室內外區域的場所。為了讓各區塊能夠流暢地通往相應的出入口，規劃了相當細緻的動線計畫，尤其是從大門前往主要玄關的動線，更是針對深度感下足工夫。

有許多出入口

利用道路與基地的高低差，設置多處出入口。

```
工作室
會議室
書庫
```
S=1：200

四處出入口

連同地下室與一樓在內，這棟住宅設有四個對外出入口，其中家事專用出入口則設在離主要入口很近的地下室。

架設屋簷

照片為打開門的狀態。大型的屋簷不僅可以擋雨，還能夠使門口一帶成為獨立的「場所」。

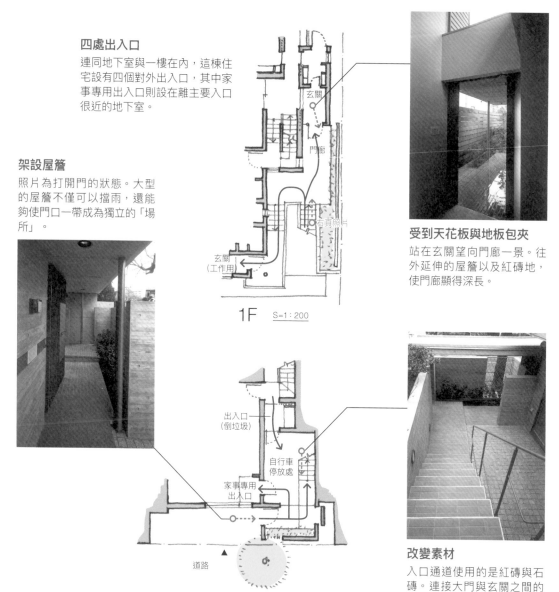

```
玄關
門廊
右頁照片
玄關
（工作用）
```
1F S=1：200

受到天花板與地板包夾

站在玄關望向門廊一景。往外延伸的屋簷以及紅磚地，使門廊顯得深長。

```
出入口
（倒垃圾）
自行車
停放處
家事專用
出入口
道路
```
BF S=1：200 ▶

改變素材

入口通道使用的是紅磚與石磚。連接大門與玄關之間的步道磁磚，與其他區域不一樣。

034

隱藏之餘又互相連接

若將拉門關上，從玄關門廳就不會
看見脫鞋處；光是遮住脫鞋處，就
足以增加室內的沉穩感。為了避免
兩側被完全阻斷，在拉門上設有小
窗，為此處帶來緩和的連接感。

藉玄關連結室內外

雖然統稱為玄關，但此處其實是由門廊、脫鞋處（三和土
譯註）與門廳等多個區域共同組成，所以建議依生活習慣選擇這些區塊相連的方式。

首先要討論的是門廊，由於這裡屬於戶外，因此必須考慮到擋雨功能。接著要思考的是打開門進入室內、在脫鞋處脫掉鞋子、在門廳換上室內拖鞋這一連串的動線。很多住宅會將脫鞋處與門廳結合在一起，但是若能在中間設置拉門，讓家庭成員可視需求開關門會更加方便。因為玄關門廳是連接室內外的不穩定區域，所以這裡的氛圍其實也會對室內造成影響。

譯註：三和土，意指用三種材料拌成的土。傳統日本脫鞋處都是鋪三和土，因此即使近年鋪的是磁磚等其他材質，依然將脫鞋處稱為三和土。

天花板的高度變化

門廊、脫鞋處、門廳是與走廊相連的動線空間。因循序漸進地提高天花板高度，而使人流暢地走入室內。

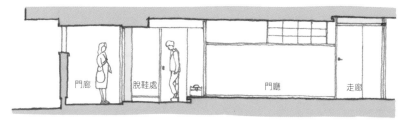

門廊　　脫鞋處　　　　門廳　　　　走廊

S=1：100

為裝飾架發揮巧思

玄關門廳與樓梯間之間，也能夠形成一個獨立的空間。因此在這裡設置兼具收納功能的裝飾架，有助於使空間更加豐富。

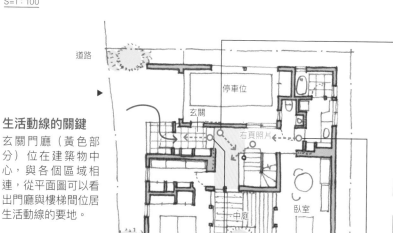

道路

停車位

玄關

右頁照片

臥室

中庭

臥室

生活動線的關鍵

玄關門廳（黃色部分）位在建築物中心，與各個區域相連，從平面圖可以看出門廳與樓梯間位居生活動線的要地。

1F　S=1：200

恰到好處的隱蔽

打開玄關門之後，就可看見室外。門廊設有偏高的矮牆，帶來恰到好處的隱蔽感。

一扇拉門的效果

從走廊深處望向玄關方向。只要關上拉門，就能夠使走廊與玄關門廳等動線空間，散發出靜謐的氣息。

035

將玄關設置在住宅中心

與庭園相連的玄關
玄關面向中庭大幅開放,且能夠直接從脫鞋處通往庭園。

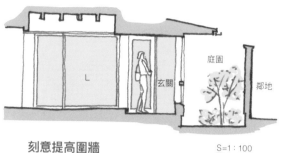

刻意提高圍牆

與鄰地之間的圍牆較
高，為玄關旁的庭園
醞釀出住宅內部坪庭
的氛圍。

S=1：100

穿過入口門廊進入玄關後，庭園景致就會映入眼簾。像這樣連接玄關與庭園的話，只要打開玄關門，就不會感受到狹窄感。

當有如這棟住宅一樣在玄關旁設置大型中庭時，若只著重在庭園的景觀設計就太過浪費。打造出連接門廊與庭園的動線，也能夠徹底發揮玄關的機能，為生活帶來更多樣化的場景。

藉拉門切割空間

想營造客廳的沉靜感時，
只要拉出藏在牆內的兩扇
拉門，就能夠隔開玄關。

讓庭園更顯寬敞

從庭園狹窄處望向玄關一景。設置大型窗戶，
能夠消弭戶外空間的狹窄感。

藉矮牆提升安穩感

客廳與玄關平常會當成同一個空間使用，
發揮各式各樣的功能。由於玄關位在南
側，所以設有大型窗面。但是窗戶若開至
地面的話，從客廳看過去時會帶來不安感
而無法放鬆，因此便設置了小小的矮牆。

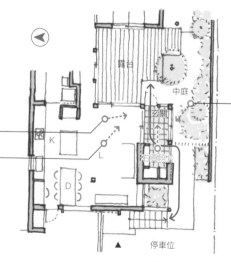

露台

中庭

玄關

K

L

D

石頂照明

停車位

1F S=1：200

一氣呵成的空間

玄關、客廳與中庭在視覺上一氣呵成，
但是又散發出各自應有的氛圍。

消弭門廳的狹窄感
從共用玄關的門廳樓梯，可以通往二樓的專用玄關。因為家庭成員希望門廳不要太小，所以這邊選擇了透視感較強的樓梯。

036

二代同堂
住宅的入口

愈來愈寬的空間

連接門口屋簷（雨庇）的門廊天花板較低，共用玄關的天花板則略高一些，接著便到縱向貫通住宅的樓梯間，因此會覺得愈深入住宅就愈顯寬敞。

S=1：150

在規劃二代同堂住宅的入口時，主要會分成兩種：一種是兩代各自擁有專屬玄關，一種則是共用玄關。後者會共用玄關的脫鞋區與門廳，接著再分別踏入各自的區域。

這兩種方法都各有優缺點，故應依兩個家族的生活需求選擇適當的方式。本案例選擇的是折衷方案──打造出共用的玄關門，再從共用玄關走向各自的專用玄關。由於兩代家庭是分住不同樓層，所以將專用玄關設在各自的樓層。

就算深入內側也很明亮

從共用玄關進一步深入住宅後，可以看見一樓專用玄關的內部（如照片）。雖然一樓專用玄關配置在住宅深處，但是從樓梯間灑下的光線，仍足以照亮此處。

極具深度的入口

兩代家庭共用的玄關，設有通往二樓專用玄關的樓梯間，因此與一樓專用玄關間的距離特別長。

1F

專用玄關

共用玄關

停車位

道路

S=1：200

兩代同棟的住宅

照片為入口正面。雖然兩代家庭的居住範圍各自獨立，但是共用一扇大門以及從大門上外延的屋簷，能夠強化做為同一棟住宅的印象。

室內外的連接

停車位與入口門廳之間設有霧面玻璃，上方則設有透明玻璃，強化了室內外的連接感。

037
建立兩處玄關
的距離感

隔著植栽互望
建造在同一塊基地的兩棟住宅，站在住宅Ａ的玄關時，視線能夠穿透植栽看見住宅Ｂ的玄關。

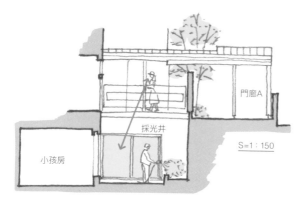

與採光井相連
地下採光井與入口門廊，
擁有視覺上的連貫感。

S=1：150

門廊A

採光井

小孩房

這住宅，能夠從共用的門分別走向各自的玄關。這兩處玄關之間的距離「似近非近」，簡單打聲招呼是沒問題的。另一方面也刻意錯開玄關，讓住戶進入自宅時不會通過另一邊的玄關門前。

此外住宅各自的入口門廊，也受到屋頂、袖壁等和緩圍繞，帶出符合空間特質的沉穩感。

這是建造在同一塊基地的兩棟

道路 ▼

停車位

中間夾著別的區塊
兩處玄關在採光井與植栽區的間隔下，保有一定的距離。

住宅A

玄關A

沿貴照片

門廊A

挑空區
（採光井）

1F　S=1：200

架設屋頂
入口處的屋頂，兼具擋雨與指引行進方向的功能。

門廊B

玄關B

住宅B

石板地
通往住宅B玄關的通道，藉地上的石板指引前進的方向。

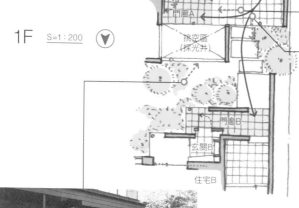

保持良好的距離
將地下室的採光井置於前方，能夠為兩棟住宅的大門保有恰到好處的距離。

038

在合理範圍中
打造滋潤感

帶出「區域感」的植栽
藉植栽區隔開道路與門廊，打造門
廊的「區域感」。

從
道路行經玄關通往室內這一連串的流程，必須依每棟住宅規劃出不同的內容。

以本案例來說，入口門廊面向道路，踏進玄關門廳後不用經過走廊，就會直接到達客廳。這種動線對部分家庭來說比較適合，但是就必須發揮巧思，避免讓動線過於枯燥無趣。這時，只要在入口處設置植栽，或是為玄關門廳安排內外都能看見的豐沛景色，就能夠為生活增添滋潤感。

兩處不同位置的玻璃

玄關門廳設有兩處朝戶外開放的固定窗，其中一扇僅高至腰部，能夠看見低處的庭園景色；另一扇則上下分別使用透明與不透明玻璃，藉此調節採光與視野。

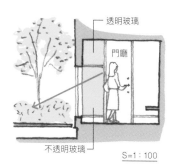

透明玻璃
門廳
不透明玻璃
S=1：100

兩條動線

這棟住宅擁有兩條生活動線，分別是從玄關門廳通往客廳的路線，以及穿越食品儲藏室通往廚房的路線。

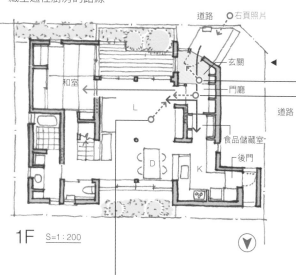

道路　右頁照片
玄關
和室
門廳
道路
L
食品儲藏室
D
K
後門

1F　S=1：200

讓視線穿透的開口部

玄關設有多處開口，不僅可藉自然光照亮室內，還善加調配開口位置與尺寸，使視線能穿透至戶外。

藉袖壁遮蔽視線

從客廳望向玄關門廳一景。這裡可藉拉門完全切割空間，不過就算打開拉門，也有玻璃袖壁遮蔽視線，不會直接看見玄關處。袖壁的玻璃為上半部透明，下半部不透明。

綿長的視線距離

室內擁有相當長的視線軸，能夠從客廳一端望至和室，藉此營造出空間的寬敞感。

039

獨立卻又相連

藉間接光線相連
從二樓俯視樓梯間一景。
與飯廳挑空區相連的部分，
散發出柔和的間接光線。

樓梯的位置不僅會改變住宅格局，也會影響空間本身。舉例來說，讓樓梯間獨立與為樓梯間設置挑空區藉此與客廳或玄關等區域相連時，所呈現出的空間感截然不同。本案例是讓樓梯間獨立之餘，又局部與飯廳挑空區相連。雖然從飯廳看不到樓梯的位置，但是光線卻柔和地將兩處牽繫在一起。

獨樹一格的單跑樓梯

單跑（直跑）樓梯乍看單調，不過由於與飯廳挑空區相連，所以能藉空間連續感來消弭封閉感。

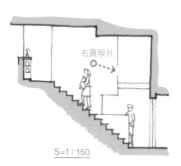

右頁照片

S=1：150

與其他房間相連

飯廳上方的挑空區，也與二樓臥室與小孩房相連。

同時考慮通往衛浴的動線

樓梯四周設有環繞動線，能夠從LD[譯註]、走廊通往和室。二樓的私人空間也不必經過LD，就可以直接通往衛浴。

譯註：LD即客廳（Living）、飯廳（Dining）的英文縮寫。

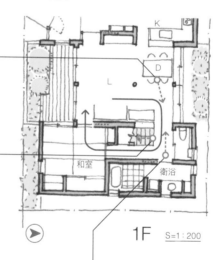

K

D

L

和室

衛浴

1F　S=1：200

凹陷的牆壁線條

從樓梯入口望向設有挑空區的飯廳一景。樓梯旁的牆壁設有局部凹陷，使空間更顯寬闊。

多處視線穿透處

站在樓梯前的話，視線能夠往兩側穿透，藉此營造出寬敞感。

040

樓梯間是玻璃箱

打造出深遠空間感
踏上樓梯後回頭，望向客廳
與露台的視野相當開闊。

配合行動的流向

樓梯間的天花板設有狹長天窗，使樓梯間成為光筒般的空間。

藉拉門隔間

這棟住宅設有可將樓梯間獨立隔開的拉門，因此原本站在玄關時，視線可以穿透樓梯間望向樓下，必要時也可以藉拉門擋起。

客廳等與樓梯間相鄰時，會在視覺上共享空間，能表現出優於實際面積的寬敞感。不過能夠縱向連接空間的樓梯間，同時也會是不同樓層之間空氣流通的管道，尤其在開設冷暖氣時這種現象就特別明顯，須多加留意。

本案例的ＬＤＫ設在二樓，樓梯間則位在一樓玄關附近，與地下室相通。因此這邊設置了圍著樓梯間的玻璃，使其在視覺上與ＬＤ相鄰，實際上溫度卻不會互相影響。此外，樓梯間上方設有天窗，從該處灑落的光線，也會照入玄關。

樓梯間是連接各處的場所

二樓LD與一樓玄關一帶，會透過樓梯間形成視覺上的連貫感。特別是挑高的玄關天花板，使空間看起來更加寬闊。

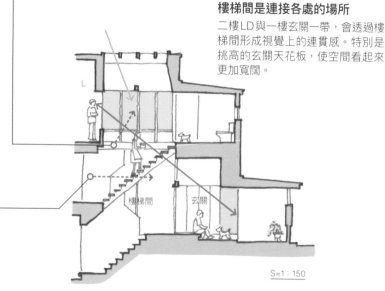

L

樓梯間　玄關

S=1：150

切割兩處移動空間

由於走廊與樓梯是由玻璃牆區隔，因此保有視覺上的寬敞感。

2F

LD　K

露台

走廊

右頁照片

S=1：200

形塑出空間深度

由於是從建築物一角踏上通往二樓的樓梯，因此保有深遠的視線軸，營造出較深的空間感。

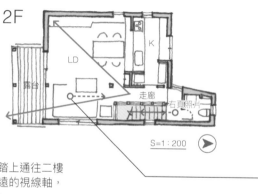

041

連接兩代家庭的樓梯

讓光線落下
樓梯間設為挑空區，光線
會透過上層的開口部灑落。

這棟建築在狹長基地上的三層樓建築物是二代同堂住宅。不管是雙親家庭還是子女家庭，都擁有三層樓分的生活空間。子女家庭的生活空間以三樓的LDK為主，雙親則是二樓的DK。而子女家庭的LDK延伸出的公用露台，可通往從子女家庭LD延伸出的公用露台。雙親的專用樓梯，是連繫兩代關係的重要關鍵。

縱向相連

從三樓露台照入的光線，能夠透過二樓飯廳灑落至一樓玄關。二樓的挑空區相當寬敞，所以能夠呈現出優於實際面積的空間感。

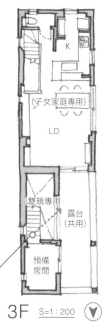

露台（共用）

D（雙親專用）

玄關

S=1：200

消除突兀感

由於樓梯與飯廳位在同個空間，所以採用光線從上方灑下使兩處合而為一的設計，消弭突兀感。

輔助動線的效用

二樓雙親專用區中央設有收納設備（黃色部分），並以此延伸出輔助動線。廁所則配置在深處。

右頁照片

K

D（雙親專用）

和式客廳

2F　S=1：200

K

（子女家庭專用）

LD

（雙親專用）

露台（共用）

預備房間

3F　S=1：200

寬度的對比感

照片是從當做客廳使用的和室望向樓梯一景。如果想要窩在和室不受打擾時，可以將木板門關上。不過一般會敞開這扇門，充分運用連同樓梯間在內的寬闊空間。

與露台一起使用

站在樓梯也可望見戶外露台。另一側的落地窗，則是子女家庭進出露台的入口。

042

連結走廊的兩處樓梯

打亮走廊的兩端

從二樓走廊俯視通往一樓客廳的樓梯,同時也可看見走廊另一端還有一處樓梯。

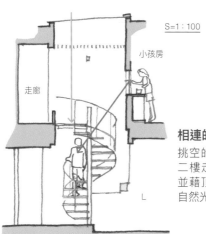

S=1:100

小孩房

走廊

L

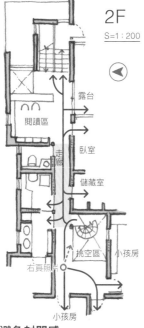

2F
S=1:200

露台
閱讀區
臥室
走廊
儲藏室
挑空區　小孩房
右頁照片
小孩房

玄關門廳
中庭
D2
家事區
走廊
後院
D1
K
L

1F
S=1:200

這棟住宅擁有兩處樓梯，並於各樓層與走廊相接，因此能夠從走廊通往各空間與衛浴，是非常實用的生活動線。

其中一處位在客廳的樓梯採用螺旋階梯設計，同時也是住宅內的小型挑空區。且上方設有天窗，使明亮的天光能照亮二樓走廊一帶。

相連的空間
挑空的螺旋階梯連接二樓走廊與小孩房，並藉頂端的天窗引進自然光。

避免封閉感
不管是哪一層樓，狹長走廊的前後兩端都相當寬敞。此外，這邊善用了自然光與視線的穿透效果，避免走廊產生封閉感。

醞釀出安穩感
樓梯間的小窗旁設有開放架與日式隔窗，賦予空間靜謐平穩的感覺。

營造出寬裕感
一樓走廊。在看得見後院的窗邊設置深長窗台，藉此勾勒出走廊的空間寬裕感。

重視穿透感
從客廳望向樓梯時，可以看見遠處的走廊以及窗外的後院綠意，呈現出極佳的穿透感。

043

樓梯與挑空區的共鳴

回歸客廳
踏上二樓,映入眼簾的是與客廳挑空區融為一體的空間,視線還可透過縱長窗戶望見室外美景。

樓

樓梯該擺在住宅的哪裡呢？每個家庭的考量不盡相同，但還是以設在客廳居多。然而，將樓梯設在客廳的話，雖然上下樓都會經過客廳，但在上了樓之後卻很容易與一樓失去連結感。

因此，本案例結合了客廳的挑空區與樓梯，讓人踏上二樓後首先看見的是客廳挑空區，享受彷彿再度回到一樓客廳的感覺。如此一來，不同樓層間的關係就能更加緊密。

藉挑空區相連
客廳的挑空區輕巧地將二樓的各個區域連接在一起。

S=1：150

走廊就像橋梁
二樓走廊跨過樓梯間與客廳挑空區，看起來就像橋梁一樣。而從天窗灑落的光線，則會照亮此處。

縱向空間的環繞
從客廳仰望挑空區，可以看見二樓的走廊。樓梯與一、二樓形成一個大型空間。

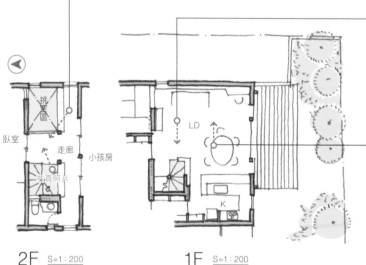

臥室
走廊
小孩房
挑空區
客房照片

2F S=1：200

LD
K

1F S=1：200

相連的空間
一樓LDK與二樓走廊一帶藉樓梯與挑空區融為一體，並與二樓的獨立空間（臥室、小孩房）相連結。

挑空區×偏低的天花板
挑空區以外的部分，都擁有偏低的天花板，醞釀出良好的平穩放鬆感。

2
「動」之演繹

044

樓梯的定位

打造出流動感
二樓樓梯間一景。對外的
開口部可將人們的視線,
從橫向引導往縱向。

這是棟每層樓僅8坪的四層樓住宅。雖然樓梯占總地板面積的比例偏高，但是由於使用頻率也會隨之提高，因此，應該賦予樓梯相應的定位，思考出符合樓梯應有的建築形式。

貫穿四層樓的樓梯間，設有沿著行進方向設計的對外開口，使從道路側看見的房屋立面演繹出特殊的視覺效果。

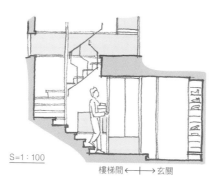

S=1：100

樓梯間 ←→ 玄關

對外開口的韻律感
玄關至樓梯間的空間窄小，因此針對開口部加以設計，以消除封閉感。

內外的關係
設在樓梯間的對外開口，打造出建築物獨特的立面外觀。

依用途區分空間
樓梯間的從中間開始往外延伸，延伸處的下方即為自行車停放處，外牆則設有橫桿以及防盜鏈鎖。

照亮腳邊
一樓玄關處與樓梯間均設有地窗，能夠照亮腳邊。而在樓下的地窗上方，還設有外套收納櫃。

道路

自行車停放處

玄關

右頁照片

臥室
（和室3坪）

露台

音樂室
兼書庫

採光井

2F S=1：200

1F S=1：200

麻雀雖小，五臟俱全
一樓玄關設有極佳的深度，兩側則為可放鞋子等的收納設備，並可藉拉門將玄關脫鞋處關起隔開。

045

打造出動線空間的方法

天窗的效果

照片為三樓的樓梯間。從天窗灑落
的光線,會沿著牆壁反射照下,使
其在白天時擁有良好的亮度。

樓

梯與走廊都是動線空間，具有連結房間與各空間的功能。此外，動線空間設在家中的何處，也會對居家生活產生各式各樣的影響。

以這棟住宅來說，樓下（二樓）的LDK為開放式空間，因此便在此處設置融入周邊環境的樓梯。另一方面，樓上（三樓）皆是臥室與衛浴等較私密的空間，因此樓梯一帶都為各自獨立的房間。

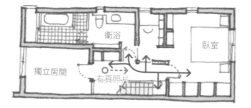

打造出連貫感

雖然樓梯間沒有窗戶，但是從天窗照入的自然光照亮此處，並且透過各樓層的狹窗與其他房間相連。

玻璃
獨立房間
玻璃
玄關

S=1：100

衛浴

臥室

獨立房間

右頁照片

3F S=1：200

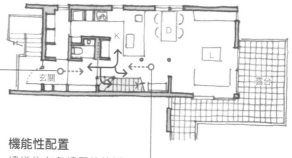

K D

L

玄關 露台

機能性配置

樓梯位在各樓層的接近中央處，使生活動線流暢，空間毫無浪費。

2F S=1：200

既封閉又相連

玄關門廳只要將拉門拉開，就能夠與LDK合而為一。即便關上拉門，也可以透過旁邊的狹窗看見樓梯，強化與樓上的連通感。

樓梯附近的巧思

樓梯下設有擺設燈具的小架子，能夠隨著季節變換享受裝飾的樂趣。此外，打開與玄關之間的拉門，就能夠與散發柔和光亮的空間相連。

046

通道也要重視舒適度

日光灑落，風也吹入
南側陽光會隨著樓梯間的縱長窗戶灑入。縱長窗戶分成上下兩扇，手碰得到的下側窗戶則可自由開關，藉此調節室內進風量。

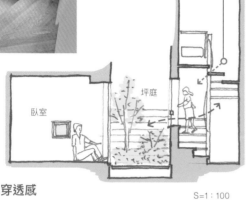

安全的通風窗

面向坪庭的樓梯間，設有大型的縱向連接窗。下側為通風窗，上側則是固定窗以防墜落意外。

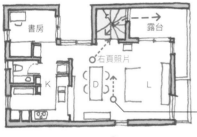

縱橫都具穿透感

臥室（和室）與樓梯間透過坪庭相連，為縱向貫穿的空間增添了橫向的寬裕感。

談

到住宅舒適度的時候，很多人都會著重於「房間的舒適度」。仔細思考居家生活，確實，在房間裡度過的時間特別長，不過再仔細想想，會發現在家裡也常到處走來走去，移動的時間並不算少。既然如此，移動時會經過的距離。

人都會著重於「房間的舒適度」。仔細思考居家生活，確實，在房間裡度過的時間特別長，不過再仔細想想，會發現在家裡也

空間（尤其是走廊與樓梯），就應賦予其適當的舒適度。如果連接上下樓層的樓梯氛圍死氣沉沉的話，在心理層面上容易削減樓層間的聯繫感。所以必須重視整棟住宅的舒適度，以解消上下樓層間的心理距離。

臥室

坪庭

S=1：100

書房

露台

右頁照片

K
D
L

◀ **2F** S=1：200

考量到冰箱搬運

LD與樓梯間能夠以玻璃拉門（有木框與白色塗裝框兩片）間隔，而要搬運冰箱等大型家電時，室內所有門板皆為可拆式的。

坪庭

臥室

小孩房

停車位

走廊

玄關

道路

1F S=1：200

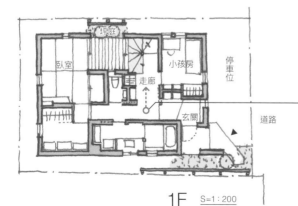

與戶外相連的樓梯

一樓設有面向坪庭的大窗，二樓則設有面向露台的縱長窗戶。

螺旋階梯下方設有收納空間

從一樓走廊望向樓梯一景。木製的螺旋階梯下方是良好的收納空間。

047

將各空間配置在樓梯間周圍

從天窗引入的自然光
從天窗進來的光線會照在樓梯
間的牆上，灑落至一樓。

同時與玄關相連
玄關透過樓梯間與各區域相連，天窗的光線也照亮了此處。

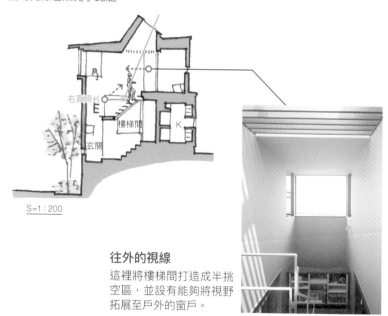

S=1：200

往外的視線
這裡將樓梯間打造成半挑空區，並設有能夠將視野拓展至戶外的窗戶。

極具彈性的界線
在不損及客廳寧靜氛圍的前提下與樓梯間相連，從右側小窗還可窺見玄關狀況。

小巧而寬敞
小巧的飯廳與樓梯間、客廳擁有視覺上的連貫性，因此在保有安穩感的同時，仍不失寬敞感。

1F S=1：200 ◀

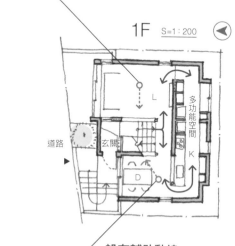

設有輔助動線
客、飯廳透過樓梯間相連，廚房與多功能空間也做為輔助動線相連接。

048

供光、風與氣息
流通的樓梯間

樓梯間的一體感
這裡賦予樓梯間恰到好處的開放
感，並仍保有適當的沉穩氛圍。

當考量室內的溫熱環境譯註時，該怎麼控制熱能在不同樓層間流動將會是一大問題。方法之一就是引進積極運用熱能移動的系統（「SOYOKAZE」等），並刻意讓不同樓層互相開放；如果還是想縮減多餘的熱傳播，只要在樓梯與其他區域之間設置隔間設備即可。

不過若是因此讓樓梯間產生封閉感就不好了。這時，必須讓樓梯間在形成獨立空間之餘，還要藉特定方式與其他區域相連，才能夠讓住宅空間更顯寬敞。

譯註：溫熱環境（thermal environment），由影響人體冷熱感的因子（溫度、溼度、風速等）組成。

開設小窗

透過樓梯間牆壁的小窗，能夠看見臥室書桌。而小窗也可藉由隔間門窗關上。

S=1：150

縱向流動的事物

雖然將樓梯間獨立出來，但是光、風與家人的生活動靜，仍可藉由縱向空間四處流通。

裝飾架也是通風道

樓梯轉角處的下方，設有小型的裝飾架，旁邊的縱向格柵，則遮住了與樓下收納室相連的通風道。

藉開關拉門調節流動程度

LD、廚房和樓梯走廊，這三個空間是各自擁有明確界線的區塊，透過開關拉門可以個別調節各區域的室溫。

2F　S=1：200

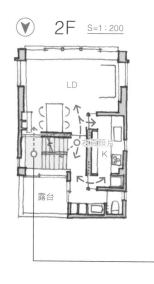

LD

右頁照片

K

露台

途中相連

打開樓梯轉角處的拉門，就能夠與LD相連。

049

樓梯間是很重要的空間

擁有柔和的光亮
從天窗灑下的自然光,以
柔和的光線包裹樓梯間。

流動的氣息、風與光

樓梯間是傳遞家庭成員生活氣息的重要場所，從天窗灑落的自然光，以及吹進各區域的風，都會流經此處。

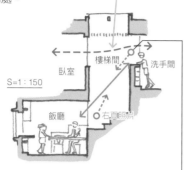

S=1：150

除了挑空區以外，樓梯間是住宅中唯一的「縱向相連處」，能夠連結不同樓層的居家生活。

本案例的二樓房間圍繞著樓梯間，形成視覺上的連通。也由於樓梯間與其他區域縱橫相連，因此能夠將家庭成員的生活氣息傳遞到各處。頂端的天窗則會為樓梯間四周的區域帶來光亮。

上下穿透的視線

站在二樓洗手間時，視線能夠穿透樓梯間，望向另一端的臥室，同時還可看見一樓的飯廳。

徐徐拓寬的視野帶來豐富樂趣

這裡並未設置完全開放的樓梯間，而是讓人的視野隨著步下階梯，使客、飯廳慢慢地映入眼簾。

想要完全獨立的時候

樓梯間旁的兩道開口，能夠藉由開關拉門，調節開放的程度。

2F S=1：200

更顯寬敞的手法

雖然二樓沒有環繞動線，但是洗手間與臥室隔著樓梯間表現出視覺上的連貫性，因此仍然成功營造出沒有盡頭般的寬敞感。

050

讓人覺得寬敞的方法
站在樓梯間能夠看見走廊與中庭，使得這裡雖然只是移動空間，卻擁有卓越的寬敞感。

賦予通道寬敞感

與中庭融為一體的走廊

一、二樓的走廊都是與中庭合而為一的大型空間，這讓居住者在生活當中經常意識到中庭的存在。

S=1：200

這棟住宅的格局，是圍繞著中間，仍應重視其舒適度。所以本案庭的ㄈ字型。ㄈ字型與口字型格局，通常都是將房間環繞著中庭配置，因此會需要走廊。這邊建議不要把走廊當成單純的移動空間，例把走廊設在面向中庭處，並設置與走廊平行的樓梯，讓居住者不管是行經走廊、樓梯還是待在中庭，都能夠享有極富深度的寬敞感。

形成連續的空間

從玄關望過去時，走廊與中庭就像同一個空間，讓人感受到室內外的連貫感。

受到自然光的引導

並列的走廊與樓梯，以各自不同的形態，讓人感受到前方自然光的明亮程度。

兩條生活動線

除了與中庭融為一體的走廊外，還有由分設樓梯左右的衛浴與廚房所組成的輔助動線。

D

K

玄關

L

走廊

食品儲藏室

中庭

和室

右頁照片

1F　S=1：200　▶

走廊＝橋梁

二樓的走廊隔著陽台面向中庭，且與陽台一樣都是橋梁般的通道。

陽台

走廊

走廊

中庭

食品儲藏室

051

符合生活需求的細部巧思

將裝飾架打造成隔間牆
客廳與樓梯之間以格狀裝飾架
區隔,可以從客廳側或樓梯側
兩邊用小東西裝飾。

當住宅較狹窄時，相對的樓梯所占面積比例就會稍微提高。因此，樓梯若僅是用於上下樓功能的話就太浪費了，必須在顧及生活的使用方便性之餘，打造成帶來愉快心情的空間。建議從上下樓層的連接、與相鄰空間的關係等處著手，依照生活習慣與型態發揮巧思。如此一來，就能夠營造出百看不厭的樂趣，讓樓梯成為小小住宅中的主角。

透明玻璃地板

從一樓玄關仰望樓梯上方，會看見局部地板為透明玻璃，讓視線隨著樓梯一起往上延伸。

一根圓柱

這棟住宅的玄關，是由脫鞋處、門廳與樓梯所組成的空間，但是一根佇立在此的圓柱，卻成功讓各個區域更加明確具體。

對空間結構與生活下的工夫

從一樓到二樓，二樓到閣樓——這是由兩座樓梯疊加而成的縱向空間。此外，樓梯最下方的踏板則兼具穿鞋椅的功能。

S=1:150

為生活增色

裝置於寬敞窗台上的小雜貨、擺放於窗邊的植栽綠意——樓梯周邊有許多讓生活更豐富的小細節。

2F ◀

右頁照片

LD

K

冰

S=1:200

乍看普通的樓梯？

為了在有限的地板面積中，盡量爭取更多的LD空間，於是將樓梯設在邊端。乍看僅是尋常的格局配置，其實有相當多的考量。

052

樓梯間的採光效果

兩道光線
從樓梯間望向客廳，前方天窗落下
的明亮光線，以及透過裡面日式隔
窗灑入的柔和日照，共同交織出光
線的對比感，強化了空間深度。

樓

梯間是連接不同樓層的生活動線場所,同時也具有挑空區的功能。所以規劃樓梯時,可以想辦法善用這層影響力,讓光、風以及家庭成員的生活氣息,都能夠在不同樓層間流動。

這裡將局部的樓梯天花板設為百葉天窗,使柔和光線從一樓灑向二樓;另外也在樓梯間牆壁開設小窗,藉此與二樓的廚房相通,如此一來,待在二樓廚房的家庭成員,就能夠感受到一樓的動靜,且容易滯留熱氣的廚房,也能藉此促進通風。

設有數扇窗戶

雖然樓梯設在建築物中央,但是因為有面向中庭與二樓露台的窗戶以及天窗,因此在白天時仍能常保明亮與通風。

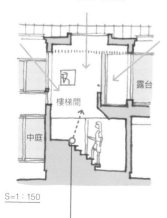

樓梯間

露台

中庭

S=1:150

不同樓層間的流動

從一樓玄關門廳仰望樓梯間,能夠看見二樓的走廊。前方的架子、樓梯轉角與扶手,自然而然地交疊出引人走上樓的流動感。

生活動線的關鍵

樓梯間設在H字型格局的中央,位居生活動線的要地。因此踏上樓梯之後,就能自然而然地感受到待在住宅中央時特有的安定感。

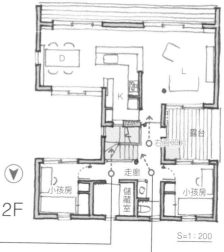

D

L

K

露台

右頁照片

走廊

小孩房

儲藏室

小孩房

2F

S=1:200

露出局部的開口

站在走廊上時,視線能夠越過樓梯間,藉由牆上開口望進廚房。

還可以變成裝飾架

當廚房牆上的小開口窗子關上時,就會變成小巧的裝飾架。

053

打造兩座階梯

烘托出光線之美

其中一處樓梯是獨立的
樓梯間，具封閉感的空
間，能夠烘托從天窗灑
下的自然光。

這棟住宅擁有兩處樓梯。只要考量上下樓的功能時，其實設置一處樓梯就夠了，那麼為什麼這裡要設置兩處呢？這是因為兩處樓梯所組成的大型環繞動線，能夠增添生活方便性，使空間更顯寬敞。地板面積特別小的住宅，要是

設置兩處樓梯的話，會嚴重壓縮到其他區域的空間。但是，只要針對樓梯的位置多下點工夫，至少能使一處樓梯融入其他區域。在地板面積窘迫的情況下，連接不同樓層的樓梯，反而能夠創造出更棒的空間

感。

使空間一氣呵成

二樓臥室設有能夠俯視樓梯間的開口，並可藉拉門關上。

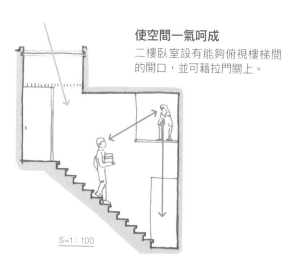

S=1：100

縱長配置的窗戶

其中一處樓梯是開放式階梯，這邊依縱向延伸的空間方向，設置了縱長的窗戶。

盡量保持距離

兩處樓梯應盡量拉開距離，才能夠打造出結合不同樓層的大型環繞動線。

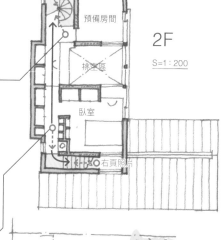

預備房間

2F

S=1：200

挑空區

臥室

右頁照片

自然光的恩惠

樓梯間與二樓臥室相連，只要打開拉門，樓梯間天窗的光線就能照進臥室。

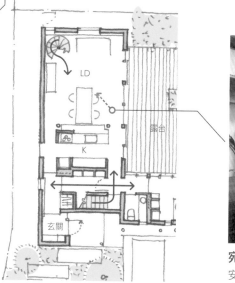

LD

K

露台

玄關

1F S=1：200

宛如裝置藝術的樓梯

安排在客廳內的樓梯，看起來就像裝置藝術，並且拉長了縱向的寬敞感。

第
3
章

「連貫性」

使生活更精彩

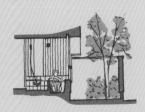

位於住宅區，意味著有左鄰右舍，必須在建物的包圍下興建住宅。也就是說，設計時不單只是思考室內空間如何設計，也需要將與外界的關係納入規劃一起考量。

建造庭園時，通常會先建露台再植栽，因此除了特殊情況以外，不管建築物建得再大，與基地的邊界之間最終都會留有空隙（餘白）。從提升空間運用效率的角度來看，應在規劃時積極連接室內外空間，如同設計室內空間時，要讓各空間相連之餘又能形成一幅幅居家生活的場景，在規劃戶外空間時，也要在講究室內外連貫感之餘，打造出美好的居家生活景象。若能促使室內外交織出豐富的情景，也能讓生活過得更加滋潤。在規劃室內外時，「人也屬於大自然的一部分」這項認知是相當重要的條件，只要懷抱著這個想法，就能自然而然地打造出有室內外連貫感的居家生活。

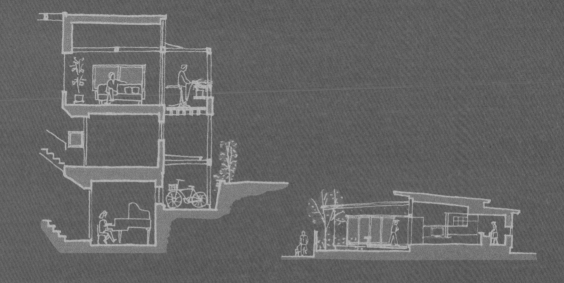

強調露台的圍繞感
從二樓望向由建築物環繞的庭園。
木質露台延長了室內的空間感，增
添了庭園的靜謐氛圍。

054

被凹形建築物環繞的庭園

向道路的庭園該如何規劃呢？基地的深度與寬度都足夠的話，想怎麼設計都可以，但是大部分的情況下，能夠用來建造庭園的區域，都只是夾在住宅與道路間的小小空間而已。這時就可以將建築物設計成「凹」字形，藉由三方圍繞強化庭園的界線，同時又能夠使庭園成為室內空間的延伸，若是在庭園中設置木質露台，又更能強調出居家空間向外延展般的感覺。

落地窗與半腰窗

客廳藉由落地窗與南側露台相連，飯廳則藉由半腰窗與北側庭園相鄰。LD是寬敞的一室空間，既擁有往戶外延伸的寬敞感，又保有居家空間應有的寧靜氛圍。

S＝1：150

壓低窗戶高度

從玄關望向庭園一景。這邊藉落地窗引導視線，強調出通往露台的延伸感。

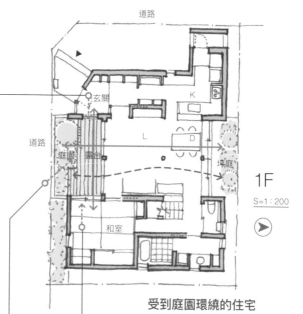

1F

S＝1：200

受到庭園環繞的住宅

LD的室內景色攬入了南側的庭園與北側的坪庭，拓寬視覺上的空間感。

透過植栽望見的室內

照片為從道路側透過植栽望向室內的一景，晚上只要關上日式拉門，就能夠遮蔽戶外視線，但是從室內透出的燈光，又能夠營造出暖洋洋的外在氛圍。

藉由庭園相連

和室透過落地窗與木質露台相連，可以看見另一端的玄關窗戶。

055

結合室內外的小巧庭園

將入口夾在中間
從照片正面向右繞入，就能夠通往
玄關。左側則有藉格柵營造出視覺
連貫感的庭園。

只要不是住在郊區，就很難擁有寬敞的庭園空間，儘管如此，將LDK安排在一樓的時候，不管能夠運用的空間多麼小，都會希望為室內外打造出有意義的連通感。本基地的南側局部與道路相接，所以就設置了面向南側的停車位與通往玄關的通道，剩下部分則打造成外部空間，並在此設置與客廳相連的木質露台。露台外設有木質格柵以遮蔽視線，但是與入口通道之間則採用縱向格柵，讓兩側都能夠窺見彼此的狀態。本案例從入口一帶開始，以緩和的方式連接室內外，而小巧的庭園則成為室內外相連的最佳橋樑。

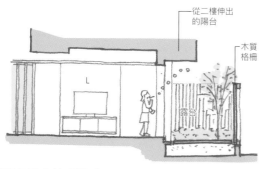

從二樓伸出的陽台

木質格柵

L

露台

S=1：100

刻意打造出的環繞感
將南側木質格柵提高到一定程度，並讓二樓陽台往外伸出，藉此強化露台的受環繞感，打造出平穩放鬆的氛圍。

安排植栽空間
在木質露台的局部位置鋪設植栽，柔化戶外空間的氛圍。

融入室內空間
露台與入口的關係以及與LDK共同形成的空間深度，使露台成為半室內空間，巧妙地融入室內之中。

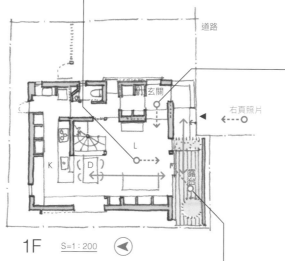

道路

玄關

右頁照片

K
L
D
露台

1F　S=1：200

相連的三個區域
站在木質露台望向客廳，可以看到入口一帶就位在縱向格柵後方。

踏進室內仍可享受戶外氛圍
踏進玄關，拉開與客廳間的拉門後，就會看見從露台灑進的陽光，讓人儘管進入室內仍然可以享受到戶外的氛圍。

056

打造出空間深度感

壓低屋簷的高度

走進玄關、穿越走廊，視線就能夠
從木質露台穿透至遠闊的庭園。而
偏低的屋簷可以引導視線往水平方
向延伸，藉此襯托出庭園的深度。

充裕的連接感

受到三方建築物圍繞的木質露台，兩側的建築物並未對稱，藉此營造出充裕感。

走廊與木質露台的效果

受到LDK與和室包夾的走廊與木質露台，能夠使起居空間更顯深遠，同時也能夠為內外空間增添深度。

本案例是做為別墅用的建築物。站在室內能夠眺望遠處的入笠山山群、站在庭園裡則可欣賞建築物後方的大片山櫻綠意，宛如是為與自然相望而建。為了善用這樣的條件，這棟建築物藉由各種開口大幅對外開放，室內空間彷彿與大自然相融，同時也增添了站在室內望向庭園時能感受到的空間深度。在都市難以接觸到的大自然之中休憩片刻，忘卻日常紛擾，悠閒地與自然對話——希望能打造成帶來這般豐潤時光的別墅。

強調出各區域的獨立感

走廊與木質露台之間設有植栽，能夠在融為一體的空間中，劃下具有彈性的界線。此外，還能夠強化通往LDK的走廊深度感。

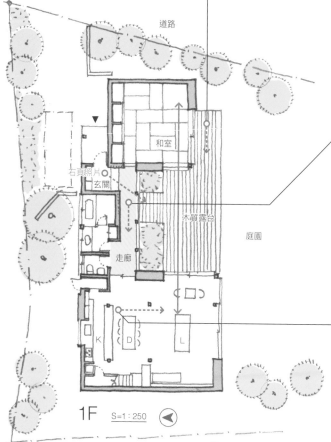

道路

和室

右頁照片

玄關

木質露台

庭園

走廊

K　D　L

1F　S=1：250

切割景色

站在飯廳，讓視線穿透客廳望向庭園。飯廳的天花板線條與橫長窗戶切割了戶外的景色，反而能夠增加空間景深。

增添寬敞感

刻意壓低玄關與走廊的天花板高度，強調室內與受到建築物圍繞的木質露台連貫感，並讓視線得以進一步延伸至庭園。

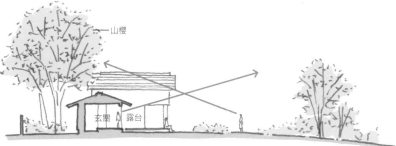

山櫻

玄關　露台

兩座坪庭

與二樓相連的坪庭
入口門廊上方就是二樓的露台，這
邊刻意使其與玄關前的坪庭相連。

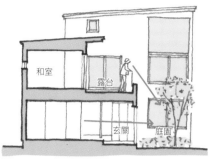

再小也能夠成為家的中心

從二樓露台與客廳都能夠望見玄關前的坪庭，雖然此處狹窄，卻是這棟住宅的中心。

S=1：200

小

巧的庭園分布在住宅各處，藉此加深庭園與房間之間的關係。這個家設有兩座坪庭，其中一座是與入口相融的庭園，從玄關與臥室都可欣賞此處美景；另外一座則是面向小孩房的狹長坪庭。

本案例的庭園都設有圍牆與道路相隔，窗前則設有小型遮雨廊，縮短室內與庭園間的距離。

兼具桌子功能的窗台

視線從臥室穿透窗戶望向坪庭一景。兼具桌子功能的窗台，能夠提升室內與庭園的相連感。

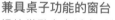

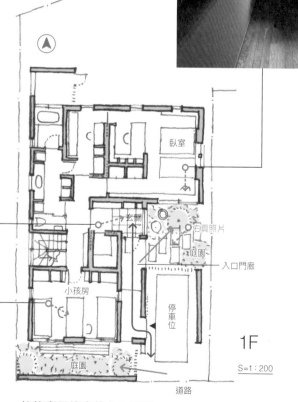

1F

S=1：200

（標示：臥室、玄關、右頁照片、庭園、入口門廊、停車位、小孩房、庭園、道路）

擁有庭園的玄關

視線能夠穿透玄關開口望向坪庭綠意。偏低的玄關裝飾架，還可以當成穿鞋椅使用。

遮雨廊的效果

窗外是受到圍牆環繞的小巧庭園，這裡的遮雨廊能夠增添室內與庭園的連貫感。

能夠窺見綠意的入口通道

站在車庫旁的門前，能夠透過格柵望見小孩房前的坪庭。再往裡面走到玄關前時，臥室前的坪庭就會映入眼簾。

058

夾在兩座庭園之間

袖壁的效果
從和室望向北側庭園。戶外的袖壁
能夠增添室內外的連續感，營造出
室內相當寬敞的感覺。

將庭園設在南側」是一般常見的思維，但是其實將庭園設在北側，反而能夠醞釀出靜謐的雅趣。

本案例從南側庭園、客飯廳到庭園之間的空間感，形成循序漸進的變化，庭園、客飯廳也各自擁有明確的獨立場域。

南側庭園建有木質露台，可以在此從事各種家庭活動；北側庭園則種植常綠樹，成為住宅中的寧靜空間。如此一來，從南側庭園到北側庭園，空間一氣呵成，讓家庭成員能夠在庭園綠意相伴下生活。

既開放又被圍繞

擁有些微變化的地板高度、庭園邊端的圍牆、開口部與屋簷之間的關係，都讓室內空間既對外開放，又有受到環繞的安心感，散發出沉著放鬆的氛圍。

S=1：200

面向庭園開放

廚房流理台前的空間也相當開放。廚房與飯廳融為一體之餘，也面向北側庭園開放。

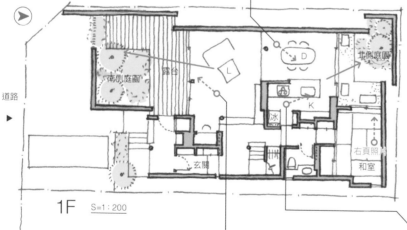

1F　S=1：200

內外合而為一的空間

這塊南北狹長的基地上，設有兩座包夾室內的庭園，並盡可能的拓寬客、飯廳，充分運用整個基地的空間。

連接庭園與室內的露台

中庭設有受到袖壁與植栽的翠綠所圍繞的木質露台，強化室內與庭園的連貫感，並在提升寬敞感之餘保有沉穩氣息。

藉日式隔門切割空間

拉出藏在牆壁裡的日式隔門，就能夠擋住窗戶，增添室內的沉靜氛圍。

059

活用基地畸零地的坪庭

藉圍牆環繞
面向浴室的庭園四周設有高牆，阻
絕道路側的視線，使家庭成員在沐
浴時，能夠放心地享受盎然綠意。

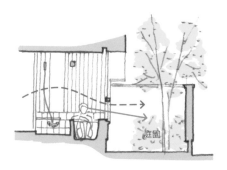

遮蔽視線
泡在浴缸時，能夠恰到好處地欣賞到庭園美景，並建有圍牆遮蔽來自道路側的視線。

S=1：100

建

築物與基地邊界勢必會有多餘的畸零空間，因此本案例就在道路與基地之間設置高牆，並在圍牆與住宅中間設置小巧的坪庭，讓家庭成員在浴室時，也能夠欣賞植栽綠意。此外，從浴室旁的畫室延伸出來的木質露台，也完美地融入整體空間。

兩座坪庭
這棟住宅坐落在東南側的邊角，因此能夠在有南側日照的位置設置庭園，打造浴室景觀。玄關旁則設有小巧的坪庭，讓人在玄關時也能夠欣賞綠意。

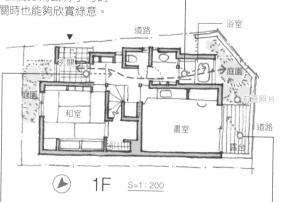

道路
浴室
玄關
庭園
庭園
和室
書室
右頁照片
道路
露台

◐ 1F　S=1：200

窗戶的開設方法
浴室的對外大型開口，設有縱向相連的兩段式窗戶，上側是能夠遮蔽鄰宅視線的霧面玻璃，下側則是能夠欣賞庭園綠意的透明玻璃，並且可以左右拉開以加強通風。

風與光的通道
視線軸起始於玄關，穿越走廊與洗手間通往浴室。白天打開洗手間的門時，能夠引進南側的自然光，並形成風的通道。

合併坪庭與動線
木質露台可以通往坪庭，並直接走向道路側。這條通道不僅便於照顧植栽，也能夠做為家事動線使用。

060

爭相競艷的挑空區與採光井

視線能夠往上下兩方延伸
具採光效果的樓梯間與地下演奏空
間相連，縱長的窗戶下方為採光井。

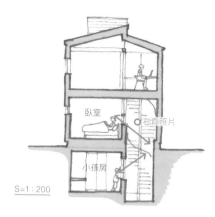

S=1：200

藉拉門調節開關

小孩房與樓上的雙親臥室,和樓梯間之間均設有拉門,可藉拉門調節空間的相連程度。

基

地面積有限的時候,為了確保生活的必要寬敞度,有時會設置地下室。

本案例的地下室除了設有兩間小孩房之外,還為喜歡音樂的兄弟倆設置演奏樂器的空間。為了讓演奏區能夠在生活中派上用場,希望能從戶外引入直接的光源與風,因此採光井成為必備要素。本案例設置了兩處採光井,使自然光與風能夠深入位在地下的三個空間。

隔著一面牆壁

擺放著鋼琴的演奏區,與小孩房之間僅一牆之隔,兩者都設有面向採光井的窗戶。

縱向延伸的空間感

從地下演奏區望向樓梯間上方一景。連接地下樓層與地上兩層樓的樓梯間,縱向貫穿住宅,帶來挑空區的作用。

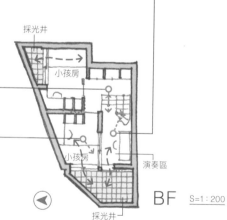

採光井

小孩房

小孩房

演奏區

BF　S=1：200

採光井

兩處採光井

地下室設有兩處採光井,使小孩房與演奏區都能夠與戶外相連。小孩房的床、書桌與收納設備都是訂製家具,因此能夠吻合地放置在房間裡。

形成一體的空間

地下小孩房只要打開拉門,就能夠與隔壁的演奏區相連,和採光井共同組成一個大空間。

3

「連貫性」使生活更精彩

061

設有水池的中庭

水池與長椅
採躍廊式設計的中庭，藉樓梯連接
各區域。較高層的扶手處設有長
椅，使扶手兼具椅背的功能，較矮
層則設有水池。

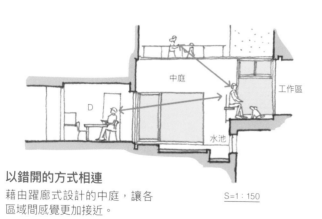

以錯開的方式相連
藉由躍廊式設計的中庭,讓各
區域間感覺更加接近。

S=1:150

這是躍廊式設計的住宅。由於是座狹長建築物,因此設置了小巧的中庭,藉此使自然光與風能夠深入各個房間。很多人會在中庭設置植栽,打造出綠意盎然的庭園,不過這裡必須將不同高度的地板相連,所以會盡量避免動用到土壤。因此在這裡設置水池,並在地板鋪設石材,打造出有高低變化的中庭。

做為一個獨立空間
照片為兩間飯廳與中庭。視線直達比此處
高半層樓的中庭,延長後方的空間感。

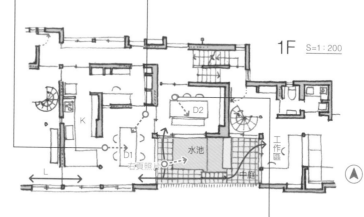

打造出動線的流動感
照片為與局部廚房相連的飯廳。將橫長窗
戶設計為日式隔窗,後方則設有客廳。此
處刻意藉窗戶營造出動線的流動感。

水池的位置
窗邊設有水池,使中庭
成為環繞動線的一部分。
並為面向中庭的各個空
間保留適當的距離。

1F S=1:200

將水池設在窗邊
從客用飯廳望向中庭一
景。藉由窗邊的水池,
增添中庭的空間深度。

062

露台，打造通往
庭園的深度感

與植栽間恰到好處的關係
和室窗邊設有往外延伸的木質露
台，為室內與庭園植栽營造出恰到
好處的關係。

為了強調庭園的景深感，有時會藉由露台來連接室內與庭園。如同本案例一般，將客廳設在建築物中央，並將露台安排在庭園與客廳之間，強化整體的空間深度。此外，露台前端設有固定式長椅，明確劃分出露台的「區域感」，賦予空間沉穩氛圍。

木質露台的功能

循著廚房、客廳、木質露台、植栽區依序前進，空間會緩緩地拓展開來，而木質露台也柔化了室內外的界線。

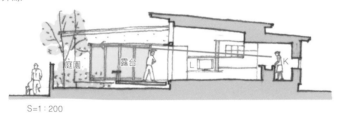

S=1：200

通往露台的出入口

面向客廳的木質露台兩側與和室、臥室相通，因此無論從哪個房間都可以走到露台。

庭園　道路　臥室　臥室　露台　庭園　右頁照片　和室　道路　L　D　K

▲ 1F S=1：200 ▶

融為一體的客廳與露台

客廳向外的開口處與露台同寬，且採用相似的地板材質與設計，藉此強化室內外的連接感。

受到露台圍繞

和室的角落設有落地窗，營造出彷彿受露台環繞的視覺效果，強化和室與露台的連接感。

並且可通往臥室

木質露台也有一部分與臥室相通，站在此處可以看見臥室深處的書桌區。

063

取代庭園的
小型露台

想看與不想看的景色
為了設置停車位，露台刻意比室內
高了幾階。如此一來，站在露台就
不會看見停車位，也能夠欣賞道路
邊方形拱門上的植栽。

若要設置停車位，就無法建造這邊設計稍微凸出至停車位上方的庭園——有些基地會有這樣的露台，並在前端設置長椅；停車位的問題。甚至可能因為兩邊都不想入口則設有方形拱門，並在上方布放棄，最後導致車子停在窗邊的掃置植栽，藉此為露台遮擋戶外視興結果。線。像這樣提高地面高度，再適度這棟住宅的基地比道路高半層的環繞住露台，就能夠在享受開放樓左右，因此就算設置停車位，也感的同時又不失安穩氛圍。不怕阻礙到從室內望出去的景色。

考量植栽的位置
方形拱門上與停車位旁都布置了植栽，因此就算沒有庭園，還是能夠欣賞植栽帶來的綠意。

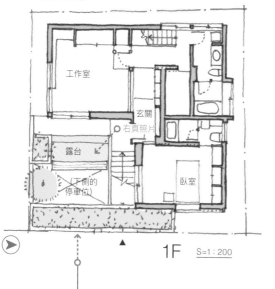

1F　S=1：200

方形拱門的效果
沿著道路設置的方形拱門，除了可以遮蔽外界投往後方露台的視線，還能夠避免建築物顯得過度巨大。

降低停車位的分量感
從二樓客廳俯視停車位與露台一景，可以看見露台位在停車位上方，使汽車不會太過顯眼。

受圍繞的安心感
露台位在停車位上方，雖然受建築物包圍，卻呈現出毫無封閉感的安心氛圍。

穿過拱門後就會看見
從道路穿過方形拱門進到停車位，並可看見露台前端的長椅與欄杆。

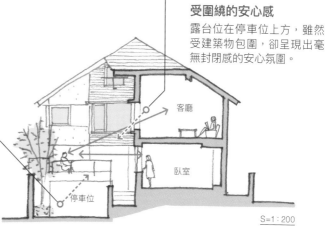

S=1：200

064 連結南北庭園

考慮到視線與風的穿透狀況

走進玄關後,正面看到的便是北側
庭園。做為對外開口的縱向相連窗
戶,為了遮蔽鄰宅視線而壓低窗高,
同時由於考量到通風問題,所以腳
邊的窗戶採用可自由開關的設計。

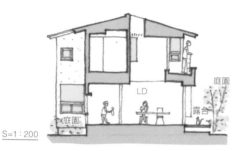

S=1:200

對外開口的高度
LD由兩座庭園包夾，藉由窗戶的內徑高度變化，為兩邊的相連方式帶來差異。

無法設置大型庭園時，就可以利用建造建築物後多出的戶外空間，打造出仿庭園的氛圍。本案例是將南側留白設置成面向客廳的露台型庭園，北側則設有小巧的坪庭。這兩座庭園都與室內數個空間相連，因此擁有相當的寬敞與深度感。

可以調節開口
將玄關門廳與客廳之間的拉門收進牆壁裡之後，就可以強化與北側庭園的連貫感。

與庭園相連的衛浴空間
站在洗手間時，視線可以穿透浴室望見坪庭。而白天的時候只要打開浴室門，就能夠讓衛浴空間擁有良好通風。

受庭園包夾
由於無法在南側設置大型庭園，所以就在南、北兩側分設兩座小庭園。這兩座庭園分別位在LD左右，營造出卓越的空間寬敞感。

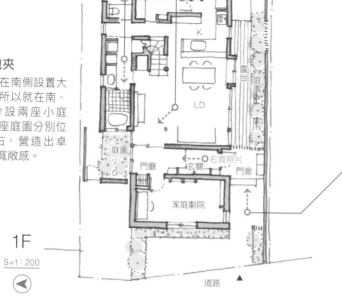

庭園　K　露台　庭園

LD

門廳

玄關　右頁照片　門廊

家庭劇院

1F

S=1:200

道路　▲

寬度與深度的關係
站在入口門廊時，視線能夠穿透格柵望見露台庭園，這時和從室內看見的不同，可以感受到深遠的空間感。

矮牆的存在

刻意將矮牆的高度提高，並在上方
設置大型開口，讓陽光越過鄰宅屋
頂灑進室內。從戶外灑入的光線自
樓梯間流瀉至下方樓層，同時也由
於建有矮牆，帶給室內恬靜氛圍。

將樓梯間安排在南側
這邊刻意將設有天窗的樓梯間安排在南側，使南側光線縱向貫穿住宅。

小孩房　｜天窗
右頁照片
S=1：100

説

得極端一點的話，建築物（住宅）便是由牆壁與開口（窗戶）組成的。為了保護自身不受外界侵擾，並確保隱私權，牆壁是不可或缺的要件。然而，若全部用牆壁遮擋住，又會與住宅的原始型態洞窟沒有兩樣。人類就是為了追求光亮，才會踏出洞窟，轉而建造建築物，並在建築物裡展開生活。由此可知，「在保護自身之餘，也要顧及與外界的關係」正是居家生活

的一大重要條件。

在規劃舒適住宅時，需要考量室內外關係，設置對外開口。規劃對外開口時，還必須仔細思考採光、風的流向、對外視野與室內外視線交錯狀況。有大有小的對外開口，才能夠組成合宜的生活場所。如果對外開口在滿足生活需求之餘，還能夠讓心靈更豐潤就再好不過了。

互相調合的明亮度
從玄關門旁的狹縫透進的光線，經牆壁反射與燈光互相調和。

分開的動線
踏入玄關後，就會自然而然地沿著牆壁前往樓梯間，但是只要從這個動線再往旁邊多走幾步，就能夠進入臥室與衛浴空間。

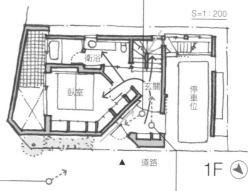

S=1：200
衛浴
臥室
玄關
停車位
道路
1F

對街景做出貢獻
從室內外洩的光亮，能夠帶給街景溫潤感。

每扇窗都有各自的功能
從樓上窗戶灑下來的自然光，會透過樓梯間的牆壁反射而深入室內。正面的小巧窗戶，則是為通風而設的。

營造出空間連貫感的中庭

與庭園間的不同關係
其中一間臥室（父）向南側開放，
另外一間則朝北側開放，兩間都面
對中庭。向南開放的臥室（父），
只要打開落地窗就能通往木質露
台，而朝北側開放的臥室，則藉由
半腰窗與庭園相連。

中庭的格局設置五花八門，有將庭園設在正中間的「口字形」、設在邊側的「ㄷ字形」，或是將多座小巧坪庭分設在四處的格局等，每個形式都有各自特徵。這座住宅擁有將近5坪的中庭，採用的是靠在邊側的「ㄷ字形」。位於一樓的兩間臥室分設在中庭左右，另外也可以直接從玄關門廳通往庭園；二樓則設有可俯視中庭的飯廳與小孩房。由一樓兩個房間與二樓兩個房間所組成的四個區域，能夠透過中庭產生視線的交流，方便家庭成員確認彼此動靜。

窗戶的另一端也是自家

站在二樓小孩房時，可以透過中庭上方望見飯廳。這裡呈現出的窗景，就像自宅與鄰近景色相融一樣。

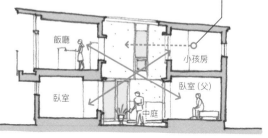

飯廳　小孩房　臥室　臥室（父）　中庭

S=1：200

互相確認動靜

不同樓層與不同側的房間，都能夠透過中庭感受到彼此的動靜。

踏進玄關就自然通往庭園

本案例可以從玄關門廳通往中庭，由於玄關門廳的其中一端與庭園相連，使這一帶的空間看起來格外寬敞。

中庭小巧思

屋主夫婦的臥室與父親臥室之間隔著中庭，中庭則鋪設木質露台與大谷石板，並設有恰到好處的植栽能夠遮蔽鄰宅的視線。

車庫　道路　玄關門廳　中庭　臥室　臥室（父）　石頁照片

1F　S=1：200

欣賞北側庭園

壟罩在反射光源中的北側庭園，散發出柔和的氛圍。透過半腰窗望見庭園，能夠增添房間的沉穩感。

067

傾斜天花板與天窗

光影操作

從天窗灑落的自然光，會透過牆壁
反射照亮室內。牆上裝設有訂製書
桌，上方凸出的牆面則形成陰影，
增添書桌一帶的凝聚力之餘，也形
塑出沉穩氛圍。

S=1：100

家事、電腦區　　　D

依場所而異的光線
家事、電腦區的光源是從上方灌注下來，餐桌的光線則源自於側邊的開口，藉此營造出與戶外的連通感。

本案例由於受到道路與鄰宅的影響，建成朝西側開窗的狹長建築，因而難以獲得南側光線。為此，將LDK安排在最頂層的三樓，並藉天窗引入南側光線。

雖然統稱為天窗，但天窗的裝設其實也有很多形式。本案例將局部天花板設成小型挑空區，並在挑空區的傾斜屋頂設置天窗，也因此相較於普通的挑空設計，室內看起來更加寬敞。

藉天花板創造出流動感
傾斜天花板的一部分是天窗，能夠增添空間寬敞感，而本身的斜度還可創造出流動感。

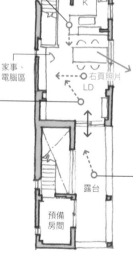

K

家事、電腦區

右頁照片
LD

露台

預備房間

3F　S=1：200 ▼

天花板的高低差
除了挑空區天花板是傾斜的以外，其他皆為平坦的。不過天花板設有高低差，愈接近露台的高度愈低。

藉開口部創造出「區域感」
LD設有與露台相連的窗戶、餐桌旁有半腰窗，家事區上方則有天窗。這三個各有特色的窗戶，為這個一室空間劃分出「區域感」。

兩種自然光
位在三樓的露台取代了庭園。從此處照入的自然光，以及源自於室內天窗的自然光，能夠照亮住宅的各個重要區塊。

3
「連貫性」使生活更精彩

068

面對庭園的衛浴空間

思考窗戶的形式
視線從庭園旁穿越植栽望向浴室一景。浴室旁採用上下連接的窗戶，下半部是能夠賞景的透明玻璃固定窗，上半部則是雙向橫拉窗，能夠用來通風與換氣。

泡在浴缸裡賞景

窗戶上方有凸出的屋簷，下方則種有植栽，讓人泡在浴缸裡的同時，能夠悠閒欣賞戶外的自然景色。

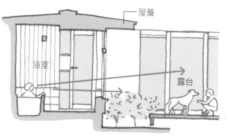

屋簷

浴室

露台

S＝1：100

常

聽到案主提出「想邊沐浴邊欣賞戶外綠景」的要求，但是礙於住宅區內難以設置大幅對外開放的浴室，所以通常會改為設置小型坪庭，讓人從浴室眺望坪庭的植物。

本案例的LDK面對設有木質露台的大庭園，鄰宅方向則設有從建築物延伸出來的圍牆。浴室就位在庭園最深處，並刻意在浴室窗前植栽，恰到好處地遮蔽了從庭園投射過來的視線。待在浴室時，視線可以穿透植栽延伸至遠方，將浴室與有別於坪庭的戶外牽繫起來。

廁所兼女用化妝室

這邊在廁所的設備上發揮巧思，設置木質洗手台與大鏡子，可以當成女用化妝室使用。小架子則延伸至窗邊，與毛巾收納處相連。

鏡子與燈具的關係

洗手間的洗手台是人工大理石材質，大型的鏡子上方則裝有可從正面照亮臉部的燈具。

1F (A)

K　D　L

露台

洗手間 右頁照片

浴室

S＝1：200

只要一步距離就到曬衣區

浴室、洗手間與廁所並排面向木質露台，可直接從洗手間走向露台，連接成便於曬衣服的家事動線。

浴室的景觀

待在浴室時，視線能夠穿透固定窗，望見後方的植栽，欣賞綠意盎然的木質露台。

3

「連貫性」使生活更精彩

069

紀念樹是家的根基

消弭壓迫感
從地下庭園仰望上方一景。一樓窗戶大幅對外開放，消弭了中庭（採光井）常見的壓迫感。

148

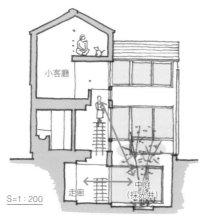

本建築物為凵字型格局，在中間空間向下設置了地下中庭。這種情況想種植大量植物的話就太過不切實際，地下中庭比較適合種植具象徵性質的紀念樹。地下各區域以這棵樹為中心，與中庭（採光井）共同組出一個完善的地下空間。

S=1：200

小客廳

走廊　中庭（採光井）

樓梯是室內外的緩衝區
面向庭園的挑空樓梯間，使室內外融為一體。

3

「連貫性」使生活更精彩

藉落地窗相連
地下書房與採光井之間設有落地窗，讓書房與採光井的關係更加緊密。

藉地板材營造出連接感
室內與中庭的地板都鋪設磁磚，使室內外看起來就像同一個空間。

BF S=1：200

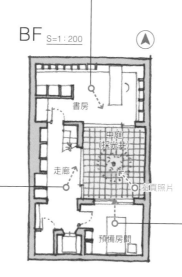

書房

中庭（採光井）

走廊

預備房間

照片

藉半腰窗營造出內斂平穩的氛圍
從地下預備房間望向中庭一景。預備房間的窗戶偏低，並設有矮牆，藉此賦予室內內斂平穩的氛圍。

合而為一的空間
中庭受到兩處起居空間與兼具走廊的樓梯間包圍。為了讓走廊不會顯得緊迫，這邊刻意強調各區域的連接感，並消弭了地下室特有的封閉感。

149

將大型露台設在三樓

透過挑空區相連

三樓的客、飯廳設有局部挑空區，
能夠與戶外的木質露台融為一體，
並進一步地和四樓的空間串連。

從基地南側已設有三層樓建築物情況來看，一樓的採光不用說，就算將LDK安排在二樓也很難取得南側光線，所以決定將LDK設在三樓。本案例並非僅靠窗戶採光而已，還設了可取代庭園的大型露台，強調室內外的一體感。

像這樣南側已建有會遮蔽日光的建築物時，即使在南側設置庭園，也頂多是打造出一個不會進光的戶外空間。既然如此，不如像本案例一樣，將取代庭園的戶外空間與LDK設在二樓或三樓，讓室內外的關係更加緊密。

從縱向通往橫向

貫穿四層樓的螺旋階梯，與從三樓延伸出去的露台合而為一。

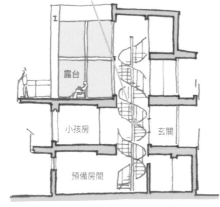

S=1：200

露台

小孩房　玄關

預備房間

視線的流向

樓梯間與露台在視覺上是相連的，因此從二樓走上樓梯後，會產生似乎直接走向露台般的錯覺，視線也會自然地望向露台後方的遼闊遠景。

削切而凸出

建築物的外觀就像黑色箱型物局部受到切割，從該處伸出的露台，則設有遮蔽鄰宅視線的白色袖壁。

確保寬敞空間

本案例是重型鋼構譯註結構，所以承受得住較寬的柱子間距，使室內外共同組成一個寬敞的空間。

譯註：重型鋼構，意指以厚度達6mm以上結構鋼材建造的工法。

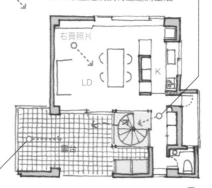

右頁照片

LD　　K

露台

3F S=1：200

玻璃樓梯間

通往露台的樓梯間，四面受到玻璃環繞。這邊設有對外開放的通風口，考量到溫熱環境的問題，還設有可調節通風程度的拉門。

醞釀出寬敞與安心感
中庭的一端設有大型窗戶，能夠看
見興趣房，樓上則有寬敞的二樓露
台。

牽繫起兩代家族

子女家庭居住的二樓，也可以透過露台看見一樓的中庭。

間兩代同堂住宅的一樓是雙親夫婦的居住樓層，由於住宅內設有中庭，因此除了衛浴空間外，不管身在何處視線都可以穿透中庭直達他處。

由夫妻兩人組成的家庭與大家庭不同，需要感受到彼此氣息才能兼顧心理上的舒適與安心。中庭本身並不寬敞，但是這樣的條件反而強化了與室內的一體感，進一步襯托出室內的寬敞。此外，中庭縮短各區域間的距離，有助於增添安心感。

縱向的寬敞感

一樓的小巧中庭，透過開敞的上空與二樓露台相連，並進一步延伸到三樓的露台與外部空間。

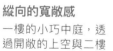

露台

興趣房　中庭　走廊　浴室

S=1：200

靠近矮牆

雖然飯廳相當寬敞，但是將餐桌靠在用來區隔廚房的矮牆邊，能夠營造出沉穩的「獨立區域感」。

S=1：250

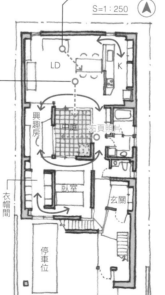

LD　K

興趣房　中庭〔右頁照片〕

衣帽間　臥室　玄關

停車位

1F

重疊的環繞動線

除了圍繞中庭的大型環繞動線外，還將廚房一帶與衣帽間一帶結合成小型環繞動線。

將室外化為室內

待在客廳時，視線能夠穿透中庭望向臥室，中庭的狹小反而使其順利融入室內。

072
— 露台對生活
造成的影響

無論庭園大小如何，有時也會出現需要將庭園分成植栽區與露台區的時候。

本案例讓局部建築物界線後退，在此設置露台，並讓露台的一部分朝著植栽區凸出。部分二樓則規劃得如騎樓，下方可以做為曬衣服的空間。此外露台與一樓客廳局部相連，以「戶外客廳」的形式融入居家生活中。在生活當中露台會如何派上用場，就像這樣依位置與形態而異。

打造出室內的寬敞感

一樓客廳有一部分與木質露台相連，所以讓室內也顯得寬敞。

1F　S=1：200　▶

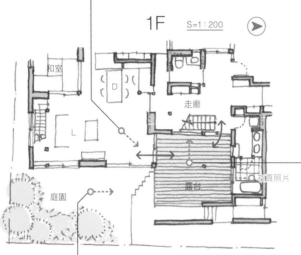

和室

D

走廊

L

露台

庭園

屋頂照片

在凹處設置露台

本案例將木質露台安排在建築物的凹處，使其雖然位居戶外，卻宛如室內的延伸。

固定窗讓視覺上更俐落

視線穿透玻璃窗，從木質露台望向室內樓梯間一景。由於這扇窗可以從窗外擦拭，所以便直接設為固定窗，使得從外側看見的樓梯間一帶更加乾淨俐落。

打造出空間深度

一樓木質露台與二樓陽台，都設有遮擋住一部分空間的屋頂，增添了空間深度感。

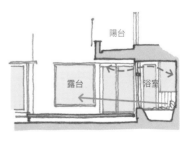

陽台

露台　浴室

S=1：150

藉大型對外開口相連

浴室設有面向木質露台後方庭園的大型開口，並採用縱向連接的窗戶，下側的固定窗以百葉窗簾遮蔽，上側則是通風窗。

073

將大自然的恩惠放入地下空間

藉植栽打造出滋潤感
站在採光井時，視線可以穿透植栽
望見書房。這裡的植栽成功地為採
光井帶來滋潤感。

只要規劃妥當，地下室也可以是舒適的生活空間。設置宛如中庭般的採光井，就能夠將風引入室內，自然光也會藉由牆面反射，柔柔地照進各個區域。

本案例在地下室的採光井種了一棵夏山茶，樹下則種了麥門冬，因此就算沒有庭園，仍然可藉採光井連結室內與大自然。而位於地下室的臥室、書房與樓梯由於面向採光井配置，所以也能夠與地上樓層一樣感受到天色變化。此外，臥室與書房是最講究安靜的地方，設在地下室的話究效果會比地上樓層更為良好。

縱向空間的連接

這裡設有面向採光井的樓梯間，使室內外透過樓梯間互相融合。

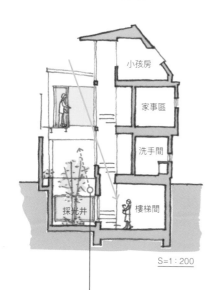

S=1:200

讓光落下

從採光井仰望時，會看見二樓的露台。露台的地板是具有極佳穿透效果的格柵板，使光線能直接灑落在採光井。

避免封閉感產生

位在地下室的家庭劇院，並未堅持要打造成完全隔音的空間，而是與樓梯間輕緩相連，採光井的光線也會柔和地流淌進室內中。

書房

家庭劇院

採光井

樓梯間

石原昭洋

臥室

S=1:200

BF

夏山茶是主角

地下室的起居空間均面向著採光井，中間的夏山茶則為彼此保有恰到好處的距離與隱私，此外，這棵夏山茶也為地下空間帶來凝聚力。

靜謐的環境

書房的整面牆都收藏了屋主喜歡的書籍，能夠在寧靜的環境中享受至高無上的幸福。

074
左鄰右舍
都能享受的花景

偌大的開口部
南側設有大型的對外開口，使客廳
與露台合而為一。

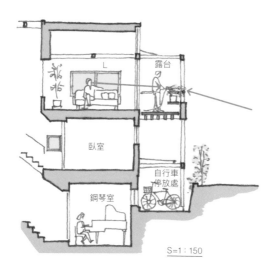

宛如從二樓客廳延伸出去的木質露台，就是這棟住宅的庭園。露台前端擺有盆栽，能夠在此蒔花弄草，且為了與鄰居分享這份綠意，也特別留意欄杆的高度與材質。此外，因為有這些盆栽，讓住宅與鄰宅的植物之間可以保有適度的距離感。

S=1：150

兼具兩種功能的露台
木質的框架讓二樓露台更顯寬敞。而露台下方為自行車停放處，上方則設置了透明的屋頂。

左鄰右舍也可一起欣賞
這是站在道路所看見的住宅正面，可以看見探頭出來的露台花卉。

2F　S=1：200

設置植栽所需的空間深度
露台的寬度與客廳開口部的寬度相同，考量到設置植栽的需求，便將空間深度拉長至1.8公尺。

有大小兩處開口部
相較於南側的大型開口，東側的窗戶就顯得較為低調，這兩個大小不同的開口，為空間帶來良好的對比感。

連欄杆的高度都列入考慮
本案例是先確定盆栽高度後，才決定露台牆壁的高度。而未擺設盆栽的兩端，則設置了不透明擋板。

075

從生活角度考量採光

柔美的反射光
衛浴一角設有小型天窗,光線會透過牆壁反射,照亮整個室內。

納入間接光線
從天窗與室內庭園照射進屋的光線，會賦予廁所一帶穩定的光亮。

室內庭園　浴室　廁所
S=1：100

規劃採光的時候，攬入光線的方式會隨著光線用途而異。

用途愈明確則愈能善用光線的特徵，打造出令人印象深刻的「區域獨立感」。此外，也應透過實際的日常生活挖掘需要光線的理由，光的存在才具有「必要性」，如此一來也才能真正融入生活的容器——住宅。若只從「象徵性」的角度思考採光，有時候反而可能會對家庭成員造成負擔，所以規劃採光時的一大重點，就是從生活實用的角度出發。

適才適所的亮度
住宅各處都設有引入自然光的開口部，為各個區域帶來各自適合的光線。

考量到室內晾衣需求的天窗
樓梯間有一部分空間特別寬敞，並設有天窗，以便屋主在裡晾曬衣物。為此將對外窗的高度降低，以適度遮蔽外界視線。

室內庭園
右頁照片
樓梯轉角
L
K
D
露台
2F　S=1：200

擴散光的效果
與浴室相連的室內庭園設有乳白色壓克力板，可以遮蔽鄰宅的視線；而乳白色壓克力板也能使光線擴散，讓庭園更加明亮。

剪影效果
從客廳越過隔間牆，望向樓梯間一景。光線會從樓梯間上方傾瀉而下，為室內帶來光影對比，增添空間深度。

3
「連貫性」使生活更精彩

腳邊的對外開口

走進玄關門廳之後，視線可以透過腳邊的窗戶望見中庭。由於只有腳邊一帶可以透視，所以能夠增添空間的「張力」，讓人享有寬敞的視覺效果。

窗簾也分成上下兩段
二樓的樓梯間兼走廊對著中庭大幅開放。由於採用縱向連接的窗戶，所以也將摺景簾分成上下兩段，可以依需求調節開合。走廊另一端的房間，則是小孩房。

想 要以若隱若現的方式，傳遞家庭成員的動靜時，不妨打造成中庭住宅。

本案例設有5坪的中庭，且各房間都面向中庭設置，並設有可輕鬆進出的出入口。雖然中庭屬於戶外空間，但是地面採用了與室內相同材質的板材，且並未種植固定的植栽等，藉此強化中庭與室內的連結。因此對家庭成員來說，中庭是日常生活中與室內密不可分的空間。

中庭設有一部分的屋頂
從二樓俯視中庭一景。由於二樓露台往外向中庭延伸，成為部分區塊的屋頂，藉此形塑出空間深度感。

露台與中庭
位在二樓的露台、一樓中庭與戶外空間具有視覺上的連貫感，而中庭一帶也形成了家事動線，能夠先在一樓洗手間洗衣服，再踏上螺旋階梯到二樓露台晾曬。

露台　中庭　書房兼走廊　走廊　S=1：200

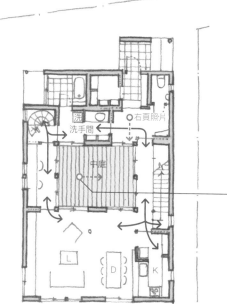

符合生活需求的窗戶
從中庭望向樓梯間兼走廊一景。一樓設有左右拉開型的落地窗，能夠輕鬆通往中庭；二樓面向中庭的整面牆則都是窗戶，下側為固定窗，上側是可以調節通風程度的左右拉開型的窗戶。

洗手間　右頁照片　中庭　L　D　K

縱橫的環繞動線
這裡有以中庭為中心的環繞動線。由於設有兩處連接一、二樓的樓梯，因此也形成結合不同樓層的環繞動線。

1F　S=1：200

3
「連貫性」使生活更精彩

第 **4** 章

營造出「流動感」的格局

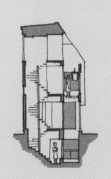

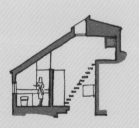

家，是由LDK、臥室與小孩房等各種房間所組成，將彼此息息相關的空間整合為一。這些房間與空間勾勒出各式各樣的居家景色，而將這些景色連接在一起，創造出一個家的「流動感」。也就是說，想要創造出「流動感」，就必須仔細審視「格局」。先透過「靜（第1章）」與「動（第2章）」的空間營造出屬於住宅的景色後，再依此為基礎往外延伸，規劃出室內外的「連貫性（第3章）」，就能夠打造出一個家。最後再賦予其「流動感」的話，就會使空間變得更豐富，成為讓人住得舒適的家。

本章不會只專注於特定部分，將會從整體住宅來探討各項營造「流動感」的巧思。

077

阻隔
外界視線的
庭園綠意

這塊超過90坪的寬敞基地坐落在西南角，因此決定按照慣例將庭園設在南側，發揮地段優勢。這裡要特別注意的是住宅與道路的關係——讓路上行人欣賞到庭園綠意，從景觀美化角度來看是很好，但是萬一從外面也可以看見室內時，就會對家庭成員造成困擾。

為了避免這個問題，本案例設置了遮蔽外界視線的圍牆，而道路與圍牆之間則隔著停車位，降低圍牆對道路側造成的壓迫感。由於基地比道路高約50公分，所以能夠讓許多植栽從圍牆上方探出，讓路人可以一同欣賞。

166

（右）入口門廊一帶。踏入大門後，就可以
　　　走上設有階梯的入口通道前往玄關。

（左）從西南角望向住宅。位在基地邊角
　　　的大門，設有擋雨的屋頂。

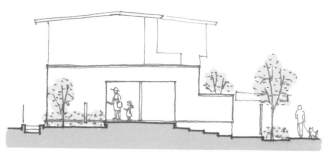

S=1：200

流山住宅

家庭結構	夫婦＋小孩兩名
基地面積	317.86㎡（96.15坪）
總樓地板面積	154.78㎡（46.82坪）
結構規模	木造兩層樓
施工	渡邊富工務店（負責人・龜田剛）
設計師	三平奏子

廚房面向飯廳局部開放。

完全打開窗戶的話，飯廳就能與木質露台相連。飯廳與右方深處的客廳之間，也可以藉拉門切割。

和室也藉落地窗與木質露台相連，而局部狹窄的露台，則增添了空間深度感。

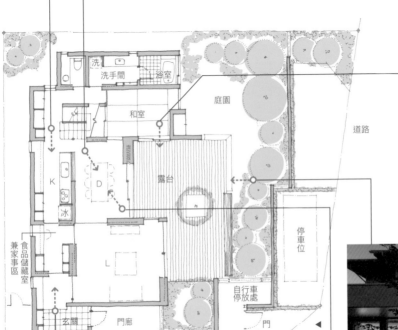

洗
洗手間　浴室
和室
庭園
道路
K
D
露台
冰
停車位
兼家事區
食品儲藏室
L
自行車停放處
玄關　門廊
門
道路
1F　S=1：200

位在飯廳後方的廚房與樓梯，能夠使矩形空間看起來更加深遠。

從庭園望向客、飯廳一景。植栽被安排種在露台中央，能夠增加從庭園看往室內時感受到的景深感。

可以從玄關門廊出發，穿過食品儲藏室兼家事區、廚房，直接通往衛浴空間。

打開樓梯間牆壁的拉門，就
能夠與臥室、小孩房相通。

二樓廁所可以做簡單的盥洗，
並設有大片鏡子。

書房　臥室

衣帽間

走廊　小孩房　陽台

小孩房

挑空區

閱讀區

2F　S＝1：200

照片為站在閱讀區望向小孩
房前的走廊一景。打開小孩
房的拉門，就能夠與閱讀區、
走廊輕緩相連。

從小孩房望向樓梯間一景。
樓梯間與屋內的多個區域相
連。

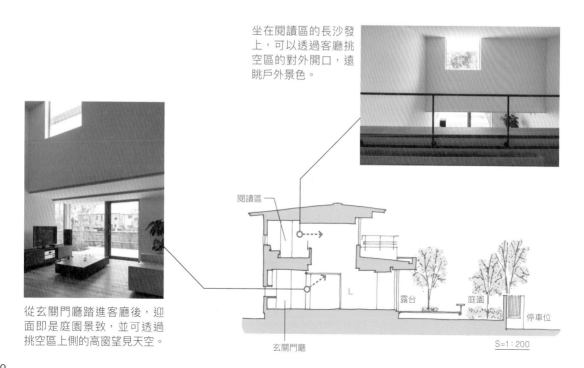

坐在閱讀區的長沙發
上，可以透過客廳挑
空區的對外開口，遠
眺戶外景色。

閱讀區

從玄關門廳踏進客廳後，迎
面即是庭園景致，並可透過
挑空區上側的高窗望見天空。

露台　庭園

停車位

玄關門廳

S＝1：200

從客、飯廳延伸出來的木質露台，
幾乎等於庭園的一半。二樓的露台
朝著庭園大幅伸出，讓木質露台不
會過於外放。

4

二樓閱讀區。坐在訂製的固定式長沙發上，會產生飄浮在挑空區上方般的錯覺。

078
兼具沉穩與寬敞感

本案例的客廳與飯廳之間設有隔牆，為各自獨立的空間，不過客廳同時也透過挑空區與二樓的閱讀區相連。挑空區的型態與二樓的閱讀區相連。挑空區的型態會對居家生活造成影響，若是太大則可能使室內空間喪失應有的靜謐氛圍。本案例將客廳一半的天花板設成挑空區，其他區域的天花板高度則壓在2公尺左右，藉此兼顧沉穩氛圍與寬敞空間感。

閱讀區

玄關　　L

S=1：250

從玄關門廳進入客廳後，庭園綠意
映入眼簾，挑空區的窗戶則能將人
視線引導向天空。此外，客廳後方
可通往飯廳。

（右）越過走廊盡頭的和室，就能夠看見戶外的庭園。
樓梯間的光線則可照亮位在住宅深處的走廊。

（左）視線從二樓走廊望向臥室南側窗戶一景，昏暗
的臥室可襯托出樓梯間的明亮。

079

打造出
明暗對比

不管選擇什麼樣的格局，住宅面積愈大的話，愈容易出現無法與庭園相鄰接的部分。不過，仔細思考日常中的生活，會發現也不是所有場所都一定要面對庭園。當住宅同時具備寬與窄、亮與暗等場所時，才能營造出一定程度的對比感，方能真正貼近生活需求。而在規劃住宅對比感的時候，則應想辦法讓視線從微暗的區域望向明亮的區域，藉此增添住宅的空間深度，並勾勒出沉穩氛圍。

站在洗手間時，視線可以穿透浴室
望見南側庭園。由於洗手間與浴室
之間是以透明強化玻璃相隔，因此
在洗手間也可以欣賞到庭園美景。

照片為站在廚房水槽前，越過飯廳望向庭園一景。由於木質露台朝飯廳部分凸出嵌入，所以能夠感受到庭園的深度感。

將飯廳與客廳切割

雖然客廳兼飯廳這種做法日漸普及，但還是有將兩處完全切割分開的方法，也就是「使兩個空間各自獨立」與「用拉門區隔分開」這兩種方式。

本案例就選擇用拉門切割客、飯廳。這邊以關上拉門後飯廳可以完全獨立為前提，讓庭園木質露台部分凸出與飯廳相接；如此一來，飯廳與木質露台就可以共組成獨立空間，形塑出與客廳截然不同的意趣。

S=1:200

從木質露台望向飯廳一景。落地窗
的隔間門可以完全收入牆中，使露
台與飯廳融为一體。

讓兩代家庭保有適當的距離

——代澤住宅——

基地比道路高，所以設置通往玄關的外階梯。踏上階梯處則設有屋頂，讓家庭成員能夠在此略做停留。

門廊

S=1：120

081
隔出距離的停車位

每個人對車的想法不盡相同，有人希望建造室內車庫安置愛車，有些人則像本案例一樣，只需要一個開放式的停車空間。

本案例的基地較路面高，所以讓建築物緊鄰路邊的話，會造成相當大的壓迫感。因此藉由將停車位安排在道路與建築物之間，以解消掉壓迫感問題，同時也讓入口通道到玄關的距離能夠延長。

178

代澤住宅

家庭結構	雙親夫婦＋子女夫婦＋小孩兩名
基地面積	201.40㎡（60.92坪）
總樓地板面積	181.76㎡（54.98坪）
結構規模	木造三層樓
施工	渡邊富工務店（負責人・四方洋）
設計師	灘部智子

道路與建築物之間，設有可停放兩輛汽車的停車位，由於建築物與道路相隔一段距離，因此從道路側望向這棟三層樓建築物時不會感受到壓迫感。

餐桌旁就是通往三樓的樓梯，從上方灑落的柔和光線能夠使飯廳看起來更為寬敞。

從一樓臥室越過木質露台望向和室一景。由於窗戶設在略高於地面的位置，所以能夠保有臥室應有的沉穩氛圍（受圍繞感）。

可以從二樓客廳透過挑空區的高窗望見天空，並透過半腰窗望向陽台，也可看向斜對角的飯廳，建立長遠的視線軸。

陽台　小孩房

D

L　K　冰

2F S=1：200

連接一、二樓的樓梯。與狹長窗戶相接的整個牆面，皆為光線的反射牆壁，能夠使樓梯間滿盈柔和的光亮。

踏進玄關就可以看見戶外綠意，使玄關就像半戶外空間一樣。

衣帽間　洗手間　浴室

臥室　洗　K　冰

露台　D

和室　L

玄關

玄關

停車位

道路

1F S=1：200

這是兩代共用的和室，所以與雙方的玄關門廳直接相通。

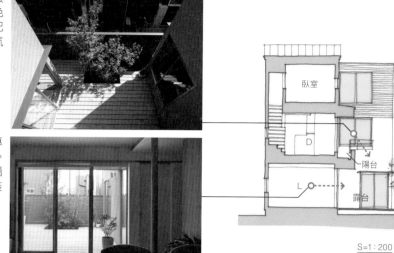

從二樓陽台俯視一樓露台一景。此處的景色因為有木質露台的紀念樹，散發出滋潤的氣息。

從一樓的雙親夫婦專用客廳望向露台一景。與鄰宅之間設有木牆區隔，並藉黑色塗裝降低木牆的存在感。

S=1：200

走到三樓走廊，就會看見與局部書房相連的挑空區，並藉此消弭了走廊特有的狹窄感。此外，腰部以下的開口則嵌有透明的強化玻璃。

站在往下的樓梯口，可以看見正面的小窗讓樓梯間充滿自然光。

3F　S=1：200

臥室

挑空區　　書房區

衣帽間

浴室

洗

洗手間

從三樓書房區望向臥室一景，中間的拉門則可使臥室完全獨立。

三樓衛浴空間。窗戶上的霧面玻璃可使光線發散，柔和地照亮整個室內。

從三樓書房區透過挑空區向下俯視客廳。

082

兼具連貫感與獨立感的LDK

LDK的配置方法形形色色，本案例將客、飯廳稍微錯開，同時又保有兩者的連貫性。從飯廳看得到廚房，但是待在客廳的話，則幾乎被擋住。這樣的配置方法，能夠讓各區域擁有各自獨立感之餘，彼此間又留有適當的距離。

此外，各區域的天花板高度也不同，其中客廳更是設有挑空區，讓人可以從三樓俯視此處。

書房區

L　　K

S=1：150

客廳的天花板挑高形成挑空區，旁邊的飯廳則採用較低的天花板，藉此劃分出明確的界線。

二樓飯廳。左手邊的廚房深處為家事區，往右手邊看去時，視線可以穿透客廳拉門看見樓梯。

（右）從木質露台望向一樓（雙親夫婦）的客廳。二
　　　樓的陽台則與子女夫婦的飯廳相連。

（左）二樓陽台與受到建築物圍繞的中庭，雖分處不
　　　同樓層，卻又互相連通。

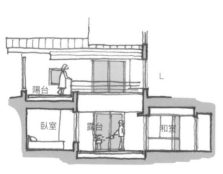

陽台

臥室　　　露台　　　和室

S=1：200

083

共享核心「場所」

建築物的平面圖為ㄈ字形，庭園則設有寬敞的木質露台。二樓陽台也緊鄰中庭，可以從此處俯視一樓。如此一來，即使親子兩代分住不同樓層，仍可藉由中庭感受到彼此的生活動靜。像這樣讓兩代共享核心「場所」，能夠讓彼此的心更加緊密。

186

照片為從一樓和室延伸出去的木質
露台。雖然可以看到露台另一端的
臥室，但是中間的植栽讓相望的兩
個空間保有良好的距離感。

藉樓梯間傳遞不同
樓層的生活動靜

尾山台住宅

踏上外階梯再繞過柱子後，就可以
看見玄關。扶手是由纖細的鋼筋製
成，能夠賦予混凝土階梯輕盈的印
象。

084

外階梯的入口

這棟住宅的基地比道路高1公尺多，考量到基地面積、生活所需地板面積與高度限制，本案例將起居空間設置在地下室。雖說是地下室，但是其實運用了基地與道路的高低差，因此從道路看過來時，會覺得只是半地下室。設有玄關的入口門廊位在比道路高半層樓之處，可藉由外階梯前往——這種情況下，會建議設置較寬的入口門廊，讓人可以「踏上階梯後稍事休息」。

玄關　門廊

S=1：150

尾山台住宅

家庭結構   夫婦＋小孩兩名
基地面積   118.29㎡（35.78坪）
總樓地板面積 126.02㎡（38.12坪）
結構規模   RC結構地下室＋木造兩層樓
施工   渡邊富工務店（負責人·四方洋）
設計師   灘部智子

從戶外望向玄關門廊，會覺得是相當開放的空間。但是凹進建築物中的位置，以及圍住局部的矮牆，都讓玄關門廊保有適當的安心感。

二樓廚房。這邊刻意挑高窗邊的天花板以增加採光，但是另半邊的天花板較低，所以仍能保有調理時需要的寧靜氛圍。

洗手間設置在飯廳後方，並將馬桶藏在最深處。廁所上方的天窗使自然光可以照入。

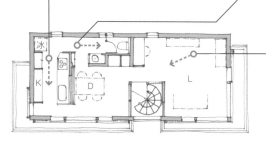

2F S=1：200

待在客廳時，視線能夠穿透樓梯間與飯廳，望見遠處的廚房──長距離的視線軸，能夠提升空間的寬敞感。

1F S=1：200 Ⓝ

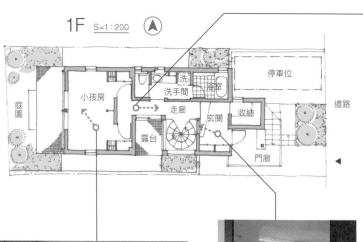

一樓走廊與設在建築物凹處的樓梯間、露台相連，從該處攬入的採光也消弭了走廊的封閉感。由於露台不會淋到雨，所以也可以當成晒衣場使用。

未來打算將小孩房一分為二，所以已經為兩間房間設好各自可開關的窗戶。

玄關門廳與走廊之間可藉拉門切割。關上拉門之後，仍可藉由旁邊的透明固定窗望見樓梯間與走廊。

庭園　小孩房　露台　玄關　門廊　道路

K　D　L

採光井　臥室　採光井　多功能空間

S=1：200

入口門廊為了兼顧防犯與開放感，設置了較低矮的矮牆，平常可以將物品放置在此，也可坐在此處稍事歇息。

地下室的臥室設有面向採光井的開口，關閉日式隔窗的話，就能夠提升開口部的隔熱效果。

打開臥室的日式隔窗，窗外即是採光井，自然光線柔和地灑進房間。

從飯廳望向樓梯間後方的客廳一景。儘管客、飯廳是各自獨立的區域，但是仍藉由牆壁與天花板相連。

臥室隔著採光井與多功能空間相望，使兩者既保有各自的獨立感，又能共同組成一個寬敞的大空間。

BF　S=1：200

衣帽間　多功能空間　停車位

採光井　臥室　採光井

自行車停放處

待在地下的多功能空間時，視線可以穿透採光井望見另一端的臥室。由於地下的水平空間與樓梯間的垂直空間交錯，所以儘管位居地下卻不會感到封閉。

走下螺旋階梯後，映入眼簾的就是多功能空間。由於這裡屬於半地下室，所以可以設置直接朝向戶外的開口。

在略高於地板處設置窗戶與露台，
能夠營造出室內應有的寧靜感。

085

藉傾斜的天花板涵蓋LDK

本案例坐落在東南側有極佳視野的傾斜地上，所以這邊活用了這項優勢，將LDK配置在二樓，並為LDK設置朝南方高起的傾斜天花板，以及能夠欣賞美景的大型對外開口。南側也選用縱向連接的窗戶，頂端直達天花板。像這種設有高窗的情況會將窗簾分成上下兩個，藉此在遮蔽鄰宅視線之餘，還能夠攬入自然光。

露台

S=1：150

客、飯廳之間隔著樓梯間，但是視
線仍可穿透至前方的窗戶。儘管客
廳與飯廳是各自獨立的空間，不過
擁有完美的一體感。

站在廚房流理台前，能夠環顧擁有傾斜天花板的整個二樓，雖然正前方的牆壁擋住了局部客廳，卻反而引導出更棒的寬敞感。

與基地邊界之間的小巧餘白也配置了植栽，讓人在走樓梯的過程中能夠欣賞戶外綠意。

貫穿三層樓的螺旋階梯

樓梯連接了地下室與地面上兩層樓，因此本案例為這座貫穿三層樓的樓梯選擇最不占各樓層空間的螺旋階梯。用鐵製成的階梯，搭配纖細的配件，能夠強化不同樓層間的接續感，讓光、風與生活氣息都能傳遞到各個空間。另外也活用螺旋階梯的特性，將其沿著南側大型對外開口設置，使樓梯間形成一道光筒。

L

洗手間　走廊

多功能空間

S=1：200

從中間樓層（一樓）望向樓梯一景。樓梯間宛如光筒般，能夠讓光線直落至地下室。此外，樓梯間與玄關門廳之間的牆壁為玻璃材質，增添了兩者的相連感。

（右）玄關位在深處，二樓的陽台同時也是入口門廊的屋頂，讓入口通道更顯深遠。

（左）露台旁設有袖壁，使其受到三方包圍。而露台一帶則成為室內與庭園的緩衝地帶，柔化了室內外的關係。

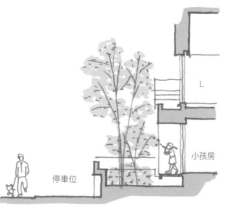

L

小孩房

停車位

S=1：150

087

藉庭園綠意，打造適宜的距離感

這宅，是基地南側與道路相接的住宅，因此必須思考如何將停車位設在路邊，又能夠不損及面南的建築物外觀美感。最後決定讓停車位與道路平行，並在停車位與建築物之間的狹小區域設置綠意盎然的庭園。由於基地略高於道路，因此便善用高低差，設計讓外界能夠欣賞綠意的圍牆高度，最後成功營造出室內外緊密相融的氛圍。

庭園綠意恰到好處地遮蔽了建築物，混凝土圍牆有高低變化，而瓦斯表箱就嵌設在混凝土圍牆中。

從走廊望向洗手間與後方的浴室。浴室設有面向坪庭的大型窗戶，能夠引入足以照亮洗手間的自然光。

從玄關望向樓梯間兼走廊一景。關上各房間的拉門，還能進一步使從樓梯間灑落的光線更加顯眼。

1F S=1:200 ▲

浴室

庭園

洗手間

臥室

玄關

走廊

小孩房

庭園

停車位

▲ 道路

上方照片是從小孩房望向樓梯間與後方的臥室；下方照片則是關上拉門，打開樓梯下方小窗的狀態。

自停車位旁透過庭園望向建築物一景。從一樓窗戶流瀉出來的燈光，會透過木質露台、袖壁與屋簷的反射，柔和地打在庭園綠意上。

從二樓俯視樓梯間，可以看見與走廊相連的小孩房。走廊與小孩房之間，同樣可以藉由拉門隔開。

廁所

玄關 走廊

S=1:200

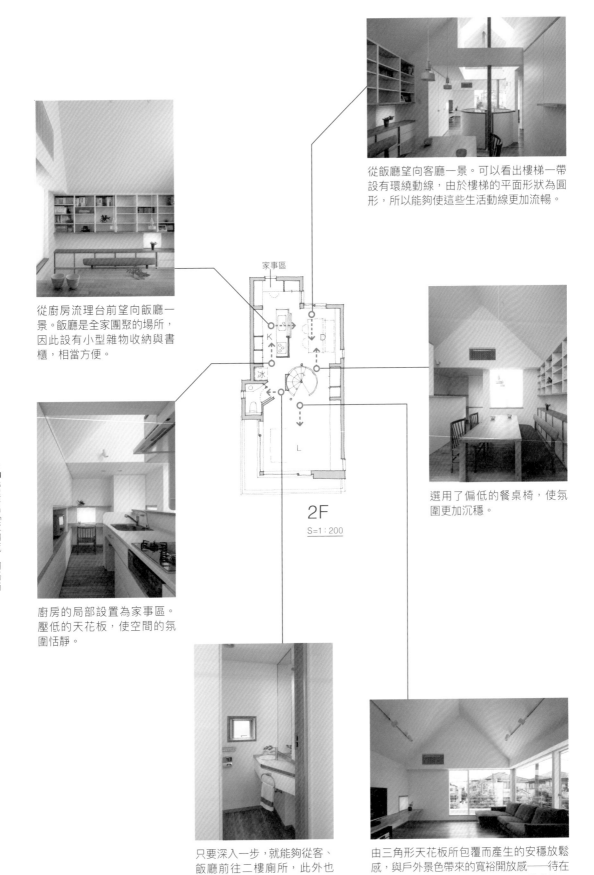

從飯廳望向客廳一景。可以看出樓梯一帶設有環繞動線，由於樓梯的平面形狀為圓形，所以能夠使這些生活動線更加流暢。

從廚房流理台前望向飯廳一景。飯廳是全家團聚的場所，因此設有小型雜物收納與書櫃，相當方便。

廚房的局部設置為家事區。壓低的天花板，使空間的氛圍恬靜。

選用了偏低的餐桌椅，使氛圍更加沉穩。

只要深入一步，就能夠從客、飯廳前往二樓廁所，此外也設有小型洗手區供訪客使用。

由三角形天花板所包覆而產生的安穩放鬆感，與戶外景色帶來的寬裕開放感——待在客廳，能夠同時享有兩種截然不同的樂趣。

2F
S=1：200

家事區

4

營造出「流動感」的格局

（右）從客廳側望向飯廳一景。可以看見前方是樓梯，
　　　後方則是享有適度圍繞感的飯廳。

（左）廚房朝著飯廳開放，視線還可直達客廳。

088

隔著階梯的
兩座空間

二樓客、飯廳之間隔著樓梯間，藉此營造出各自的獨立感，同時也藉由三角天花板帶出空間一體感。位居空間要地的樓梯上方，設有嵌入屋頂一部分的天窗，使各個區域都能享受到光線。再來觀察生活動線，可以看出連接客、飯廳的動線，以及連接客廳與廚房的動線都是以樓梯為中心設計與運行的。

S＝1：150

從飯廳穿越樓梯望向客廳一景。受到包圍的飯廳藉由三角天花板，將視線引導至客廳與更遠的戶外。

環繞動線的中心設有樓梯，從天窗灑
下的光線，會柔和地照亮四周牆壁。

（右）玄關與走廊之間可藉由一扇拉門區隔。打開拉門，光線就會從玄關照入室內。

（左）雖然臥室與樓梯間相鄰，但是從各自窗戶灑進來的光線質感都不同。

089
性質相異光線交錯的空間

一樓是整體格局的中心，可以透過兼具走廊功能的樓梯間，直接通往各個房間。雖然樓梯間沒有對外窗，但是一踏進各個區域，就能夠透過各種窗戶享受自然光與植栽綠意。此外，二樓的樓梯間設有天窗，從該處灑落的光線會透過牆壁產生柔和的反射光，能夠與室內的陰影形成對比，並藉許多性質相異的光線交織出獨特的居家氛圍。

玄關　樓梯間兼走廊

S=1 : 150

4
營造出「流動感」的格局

從走廊望向臥室一景。後院的植物
與柔和的光線使室內變得明亮。

在綠意環繞下，
享受寧靜生活

—八岳小屋—

入口門廊的屋簷既深且低，營造出靜謐的氛圍。

D
玄關

S=1：150

八岳小屋

家庭結構	夫婦＋小孩兩名
基地面積	1,190.00㎡（360.0坪）
總樓地板面積	79.20㎡（24.00坪）
結構規模	木造兩層樓
施工	Fujimi工務店（負責人・小林昭浩）

090

在綠意環繞下
靜靜佇立

這間小巧的別墅位在八岳山麓標高一千公尺左右的地方，遼闊的基地讓建築物從草木初萌的春天到楓紅片片的秋天，都能被林木圍繞，特別是到了夏季時，這棟建築物看起來就像靜靜佇立在深綠之中。周遭的樹木都是高聳的針葉樹，針葉樹下方則種有許多闊葉樹，在這裡能夠享受到都市沒有的豐富自然條件。

能夠享受四季的更迭變化。

照片為受到綠意環繞的入口通道，
在踏上坡度緩和的階梯後便會抵達
玄關處。腳下踩的階梯使用能夠承
受經年磨耗的枕木。

建築物周邊種有形形色色的雜木，步道則建在林木之間。

從二樓的閣樓窗戶欣賞戶外綠景。窗下的矮牆偏低，可增強與外界的連接感。

綠樹環繞的木質露台。看起來很舒服的林間隙光灑落在露台上。

2F

簡約的I型廚房，與飯廳之間設有備餐台，讓兩者的空間相連之餘，又能夠保有各自的獨立感。

照片為臥室一景，是建築物中唯一的獨立空間。除了就寢時間以外，都會打開拉門，維持與其他空間的連通感。

1F　　S=1：200

洗手間與浴室之間的隔牆是由透明玻璃製成，搭配的材質也與牆壁、天花板相同，不僅擁有良好的一體感，空間也更顯寬敞。

從二樓閣樓俯視飯廳與廚房一景。這裡設置了大型餐桌，使飯廳成為生活的中心。

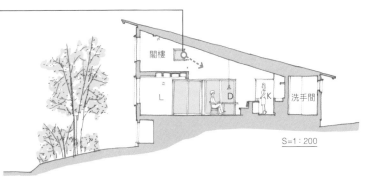

S=1：200

由於木質露台略高於庭園，因此不
會過分被植物遮蔽，同時又享有極
佳的開放感。

可以看見骨架的天花板，偏低的高
度讓空間氛圍都沉澱了下來。

閣樓

L

S=1：150

091

連接內外的開口部

由於是週末用的度假屋，所以除了一間獨立的臥室外，其他區域都為一室空間。這裡並未設有連接室內外的大型開口，而是設計出如剪下戶外綠意般能讓心情愉快的美好窗景。本案例在窗戶的位置與尺寸上特別講究，使戶外的開闊感與室內的沉穩感形成巧妙對比。在大自然的懷抱下，又能夠藉建築物避開自然的侵擾——這棟住宅帶給人們的就是這樣的安心感。

214

正方形窗戶能夠朝外大幅推出，形成大型對外開口，藉此提高室內外的一體感。

以餐桌為中心，客廳與廚房分別坐落在住宅左右。藉由傾斜的天花板使閣樓與一般樓層合而為一，共組成同一空間。

（右）玄關門廳與樓梯間都面向小小的空隙（Void space），將兩處共組為一個空間。

（左）站在樓梯間可以透過窗戶看見藉空隙空間打造出的露台。露台設有直式柵欄，使外界無法直接看進內部。

092

善用基地的餘白

東京都的中心地區有許多狹窄的基地，雖然空間不大，但是仍能建造出舒適住宅，這裡要介紹的即為其中一例。本案例是要在這塊不到14坪的基地上，重建一棟供一家三口居住的住宅。當然，這塊基地沒有足夠的空間設置庭園，且受到建蔽率的影響，雖然土地已經非常狹小，仍不得不留下許多沒有特定用途的空隙。於是本案的設計師便將所有空隙都集中在一起，打造出充滿光線的小巧開放空間，並可透過此處，將光線傳遞到各個樓層。

露台

道路

採光井

S=1：200

千駄木住宅 II

家庭結構	夫婦＋小孩一名
基地面積	46.06㎡（13.93坪）
總樓地板面積	100.35㎡（30.35坪）
結構規模	RC造地下室＋鋼骨造三層樓
施工	瀧新（負責人・田村修）
設計師	灘部智子・福田美咲

這是塊奇妙的土地，前方道路屬於
神社的一部分，鳥居就佇立在住宅
前方。

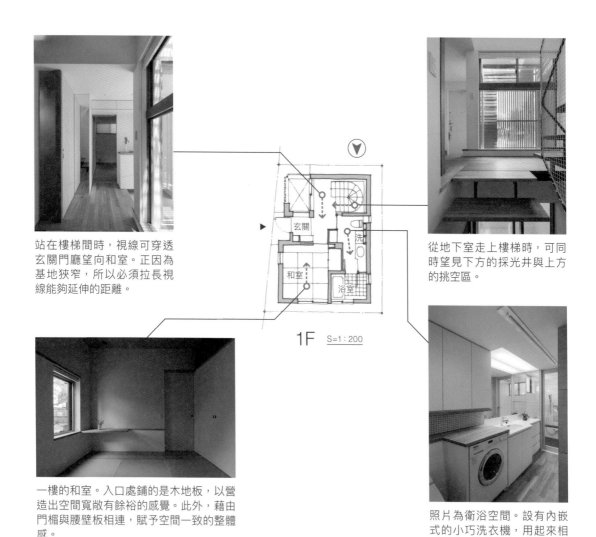

站在樓梯間時，視線可穿透玄關門廳望向和室。正因為基地狹窄，所以必須拉長視線能夠延伸的距離。

從地下室走上樓梯時，可同時望見下方的採光井與上方的挑空區。

1F　S=1：200

一樓的和室。入口處鋪的是木地板，以營造出空間寬敞有餘裕的感覺。此外，藉由門楣與腰壁板相連，賦予空間一致的整體感。

照片為衛浴空間。設有內嵌式的小巧洗衣機，用起來相當方便。埋設在天花板的照明會受到鏡面反射，讓柔和的光線照亮室內。

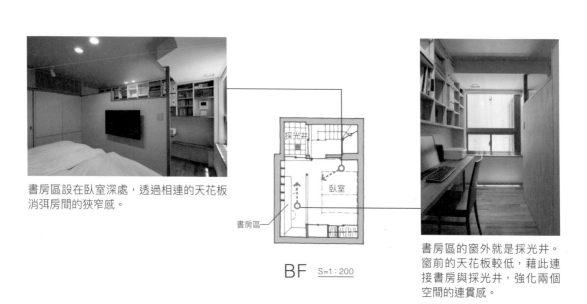

書房區設在臥室深處，透過相連的天花板消弭房間的狹窄感。

BF　S=1：200

書房區的窗外就是採光井。窗前的天花板較低，藉此連接書房與採光井，強化兩個空間的連貫感。

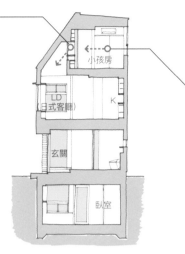

三樓的小孩房。長台與吊櫃之間設有拉門，打開的話就能夠看見二樓客廳的挑空區。

從小孩房望向挑空區，可以俯瞰客廳。雖然挑空區不大，但是卻具有幫助大人感受到獨立設在三樓的小孩房動靜的重要功能。

S=1：200

從小孩房望向樓梯間的一景。朝南的大型開口，為三樓帶來舒適感。

3F　S=1：200

陽台

三樓廁所可謂麻雀雖小，五臟俱全，擁有鏡子、洗手台與盥洗用具收納架，機能相當充實。

2F　S=1：200

站在廚房的流理台前方，可以透過大型窗戶看見神社內部。窗戶下方的收納設備，則圍繞著和室桌而建，且全部採用拉門以增添使用方便性。

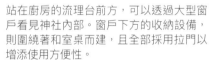

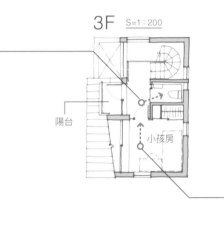

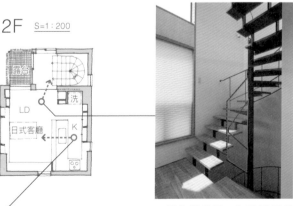

二樓的樓梯間。為了讓看起來輕盈的骨架式階梯具有一定分量感，刻意將其塗裝成深色。

日式客廳左手邊設有遮蔽廚房的備餐台，能夠增添空間的寧靜氛圍。

093
刻意打造成日式客廳

建造在狹窄基地的住宅，通常會賦予每個樓層不同用途。

本案例打算在二樓設置LDK，但是安置好廚房後就只剩下擺放餐桌的空間，因此決定融入傳統的日式客廳，讓家庭成員能夠圍著矮桌在此處用餐等做各種事情。而矮桌附近也設有精心規劃的收納櫃，基本上只要伸手就可以拿到各種物品。

這間日式客廳雖然狹小，卻呈現出相當豐富的生活樣態。

小孩房

K

日式客廳

S=1：150

日式客廳的對面就是樓梯間，打開
拉門便能感受到照入樓梯間的南側
光線。

4 營造出「流動感」的格局

窗戶僅比矮桌高約6公分，偏低的
窗戶使空間的整體重心下移，藉此
營造出沉穩氛圍。

臥室與書房之間設有隔間牆，相連
的天花板消弭了封閉感。

採光井

書房區

道路

S=1：100

094

採光井
是地下室
的必備條件

當基地狹窄時通常會設置地下
室，本案例就將臥室與書房
安排在地下室，並設置採光井，讓
光線與風都能夠流往地下。而在決
定採光井的位置時，也以能兼顧各
區域獨立性與整體寬敞感為前提。
此外，臥室入口就設在採光井旁，
並藉由拉門調節各區域之間的相連
狀況。

攬入戶外光線的採光井，
讓人就算走到地下室，
也完全不覺得狹窄。

受到植栽圍繞的木質露台。

095

若隱若現的
露台庭園

本案例屬於旗桿型基地，並從建
築物南側出入。這種情況下，
除非基地面積廣大，否則想將庭園
設在南側的話，使用空間就會與入
口通道重疊，所以必須在規劃時多
加留心，依照屋主的生活習慣將性
質各異的兩個空間自然地融合在一
起。本案例建造了與面南空間相連
的木質露台，並設置能遮蔽外界視
線的圍牆，走在入口通道上的時候，
可以欣賞若隱若現的露台庭園。

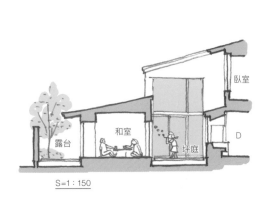

臥室

和室

露台

坪庭

D

S=1：150

久之原住宅 II

家庭結構	夫婦＋小孩兩名
基地面積	203.83㎡（61.65坪）
總樓地板面積	137.00㎡（41.44坪）
結構規模	木造兩層樓
施工	內田產業（負責人·黑柳崇）
設計師	渡邊紗代

南側的木質露台與客廳相連，往上
則可越過上方的陽台，看見小孩房。

客、飯廳與廚房分別設置在彼此的對角線上，藉此強調出更寬敞、更具深度的視覺效果。

從洗手間側望向廚房一景。考量到家事動線，本案例將衛浴與廚房安排在相鄰的位置。

坐落在旗桿基地上的住宅，站在桿部的通道可以看見後方的建築物，遮蔽視線用的牆壁後方則建有與客廳相連的露台。

木質露台受到牆壁與圍牆環繞，夜間打開燈光時，就能更加強化與室內的連接感。

▼ 道路

停車位

▶ 1F　S=1：200

玄關　玄關收納室　浴室

露台　　　　　　　　L　　　洗手間

洗

和室　　　　　　　　　　　冰

露台　　　　露台　　　D　K

坪庭

可以充當客房的和室，設有充足的棉被收納空間，壁龕也相當低調。

設有客、飯廳的偌大空間，有長沙發與樓梯等，豐富的元素為生活增添不少樂趣。

從小客廳走上閣樓式收納的樓梯。從樓梯下的小窗可以窺見臥室的狀態，而小窗也可藉由關上拉門來遮蔽視線。

設有淋浴間的衛浴空間。考量到熱氣上升的問題，牆壁鋪設了磁磚。

打開走廊兩側的拉門，就可以踏進未來能一分為二的小孩房。走廊面向設有天窗的小型挑空區，光線灑落至一樓玄關前的走廊。

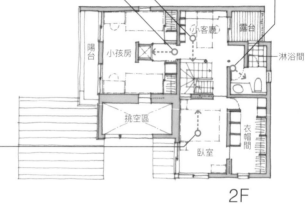

臥室枕邊設有小窗，打開拉門的話，就可以看見樓梯間與後方的小客廳。

2F

S=1：200

從一樓和室前的木質露台，穿透和室望向坪庭。這一帶的空間關係為室外（露台）—室內（和室）—室外（坪庭）—室內（飯廳）。

飯廳的長沙發。窗外設有坪庭，讓視線能夠穿透至遠處的和室與木質露台。

S=1：200

096
分布在住宅各處的庭園

基地面積多少有點餘裕時，就會希望在南側設置庭園。本案例由於出入口位在南側，所以沒辦法以最單純的方式設置南側庭園。因此便將庭園拆成數個戶外空間，使其分布在南側各角落，並與室內融為一體。一樓的客、飯廳則設有坪庭與露台庭園，讓室內外形成恰到好處的關係，增添生活機能。

站在廚房時，可以看見客、飯廳後
方的坪庭與露台綠意。本就寬敞的
室內空間，融合了幾座庭園，共同
交織出寬裕的空間感。

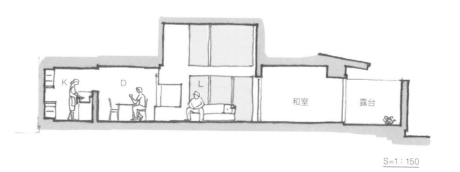

K　D　L　　和室　　露台

S＝1：150

從客廳望向飯廳一景。包含客廳挑空區，天花板愈接近住宅內側便愈低，藉此為各個區域營造出放鬆沉靜的氛圍。

（右）飯廳的長沙發一帶天花板特別低，窗戶也較小，
藉此維持「休憩空間」應有的沉穩氛圍。

（左）視線可以越過牆壁上所開設的大窗望見飯廳的
長沙發，也拉近了客、飯廳的距離。

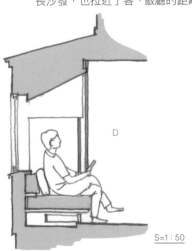

D

S=1：50

097

讓人放鬆的
小小歸屬之地

這裡指的是不用賦予其特別目的，只要存在在家裡某處就能使居家生活更加滋潤的場所。在本案例中，長沙發的所在位置與客、飯廳略微相連，因此用餐後、想隨手翻本雜誌或書來看之時，都可以放鬆地坐在此處享受休閒時光。為了使長沙發能在未完全孤立的情況下，又能享有不受打擾的閒適感，設計師在這一帶的細節處下了許多工夫。

照片為客廳一角的沙發。這裡的意義與飯廳後方的長沙發不同,是全家團聚的中心。

二樓衛浴空間藉由玻璃牆與樓梯間
相連，讓樓梯間的光線流瀉而入。

樓梯間

衛浴

S=1：150

098

從樓梯間落下的光線

樓梯間是唯一會縱向連接的空間，在此設置天窗的話，就能夠從天空引進充足的自然光。這樣的光線若只讓樓梯間獨享就太可惜了，所以本案例將樓梯間安排在住宅中央附近，並將其他區域繞著樓梯間配置，使各個角落都能夠共享自然光。

樓梯間上方設有天窗，從此處攬入
的光線會照亮樓梯間，而經牆面反
射的光線，則會流淌進鄰近房間。

能夠與自然
合而為一的住宅

—輕井澤別墅—

099

與自然
融為一體

這塊基地是受到高聳林木環繞的傾斜地，愈往南走地勢愈低。為了保留綠樹環繞帶來的閒靜氛圍，這邊選擇建造平房，並依循基地傾斜方向設置同樣斜角的屋頂。

平房的一大優勢，就是每個房間都可以直接通往庭園，也因此家庭成員可以透過寬敞木質露台享受與庭園融為一體的別墅生活。

輕井澤別墅
家庭結構　　夫婦＋小孩一名
基地面積　　1,020.99㎡（308.8坪）
總樓地板面積　120.44㎡（36.43坪）
結構規模　　木造一層樓
施工　　　　新津組（負責人‧山口剛）
設計師　　　攤部智子

從庭園望見的建築物，靜靜地佇立
在樹林之中。

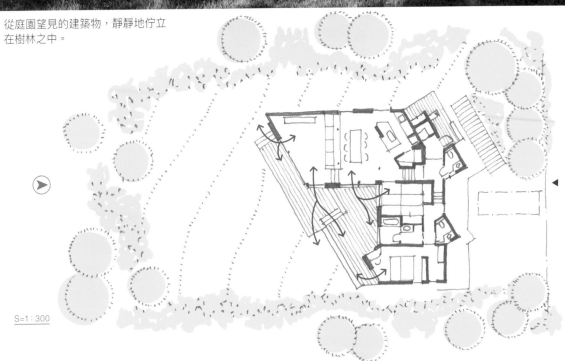

S=1：300

雖然是開放式廚房，不過由於與飯廳之間隔著一面牆，而成為獨立的作業場所。

從飯廳望向地面較低的客廳，視線可以透過戶外的木質露台延伸到庭園。

面向南側庭園的浴室開口部，是四邊形的半腰窗，能夠將戶外綠意切割成一幅優美的風景畫。

木質露台也配合室內高度，設置些許高低差。位在高處的露台，設有兼具欄杆功能的長椅。

這棟住宅的玄關位在最高處，因此在配置依序往下的起居空間時，都考量到自然光的導入。

1F
S＝1：200

道路

停車位

露台

庭園

和室

洗

浴室

臥室

衣帽間

玄關

K

冰

L

D

S＝1：200

庭園

L

D

玄關

4

營造出「流動

這是在傍晚時從庭園望向室內一
景。室內地板也隨著地勢高低起
伏，有不同的高度變化。

從地勢最低的客廳走到數階高的飯廳後，只要再走上裡面的階梯，就會到達通往玄關的走廊。

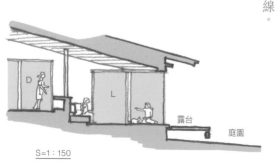

S=1:150

100

藉高低差打造出「場所」

本案例保留較大的LD空間，必要時可以容納多人歡聚，不過平常會在這裡活動的人數較少，因此雖然把LD組成寬敞的一室空間，但還是嘗試將各個「場所」區隔出界線。劃分「界線」的方式形形色色，本案例是利用地勢微微傾斜的特點，依坡度設置室內的樓層高低差，藉此劃出各區域的場所界線。

從飯廳望向數階下的客廳一景。前方的收納櫃在客廳側設有訂製沙發，不過從飯廳角度無法看到。

客廳面向庭園側，設有訂製的沙發。
坐在沙發上眺望庭園時，會有以為
自己身處在半戶外空間的錯覺。

營造出「流動感」的格局

從和室望向廚房一景。在規劃廚房窗戶時，也刻意擺在從和室也能望見的位置。

左頁（右上）站在洗手間時，視線能夠穿透浴室望見戶外的庭園綠意。此外，從南側灑入的自然光，也會柔和地照亮洗手間。

（左上）站在玄關門廳時，視線能夠沿著緩緩向下的地面，自然而然地導向庭園。

（右下）臥室設有數扇面向庭園大小不一的窗戶。由於每扇窗可看見的方向都不同，使臥室與戶外的連貫感更加多樣化。

（左下）從走廊踏上數階階梯後，就能夠到達玄關門廳。打開玄關門，映入眼簾的戶外綠意，會引導視線向外延伸。

規劃別墅時，通常會希望打造出能夠親近大自然的「場所」，例如：走出戶外整理庭園、在林木環繞下享受BBQ等，都是能一邊親近戶外空氣與綠意一邊度假的生活場景。

另一方面，就算是待在室內，也會希望能夠感受到戶外的自然。這時理所當然地要設置能夠欣賞戶外景色的大型對外窗，此外，也可以設置小型開口，讓人不經意地望見自然美景。善用這些手法，就能夠讓生活更貼近大自然。

比例與舒適度

每個人的生活型態天差地遠，可能對部分住宅設計。有些人認同的事情，可能對其他人來說卻難以理解。若問筆者哪一種才是正確的，其實並沒有客觀的評斷基準可以判斷。因此包容著居家生活的住宅該如何配置才能帶來舒適生活——答案因人們的主觀喜好而異。更進一步探討的話，也可說是設計師在把屋主的想法具體成形的過程中，以某種形式表現出設計思維。

這次本書刊載的101個場景，是從bleistift（公司）將近三十年的設計活動中，擷取已完成的一部分住宅設計。

設計住宅的過程中，必須決定各種場所與部位的尺寸（大小、寬度），而這些設計的行為都會影響空間的比例。如「前言」所述，建造住宅時必須滿足各方面的條件，思考什麼樣的空間比例能夠帶來舒適生活。因此本書從這個角度挑出能夠深刻感受到氛圍與均衡度的案例，共組成101種場景。

順便在此向從企劃到出版這段漫長時間中，都提出許多建議的三輪浩之先生、攝影師富田治老師、大澤誠一老師、石井雅義老師致上由衷的謝意。

二零一五年六月

本間至

本間至

經歷

1956 年	誕生於東京
1979 年	畢業於日本大學理工學院建築學系
1979 ～ 1986 年	林寬治設計事務所任職
1986 年～	設立本間至／ bleistift 建築士事務所
1995 年～	成為「NPO IEZUKURINOKAI」的設計會員
2009 年～	參與「NPO IEZUKURINOKAI（住宅建造學校）」
2010 ～ 2015 年	擔任日本大學理工學院建築學系客座講師

著作

《最高の住宅をデザインする方法》（X-Knowledge）

《最高の住宅をつくる方法》（X-Knowledge）

《最高の開口部をつくる方法》（X-Knowledge）

《最高に楽しい「間取り」の図鑑》（X-Knowledge）

《最高に気持ちいい住宅をつくる方法》（X-Knowledge）

《実践的 家づくり学校》共同著作（彰國社）

《本間至の住宅デザインノート》（X-Knowledge）

攝影師

大澤誠一　第 1 ～ 3 章　三住奏、東久留米住宅、桃井住宅　第 4 章　流山住宅、代澤住宅、
尾山台住宅、大宮住宅、八岳小屋、千駄木住宅 II、久之原住宅 II、輕井澤別墅

石井雅義　喜多見住宅、國立住宅、北鎌倉住宅

富田治　其他

國家圖書館出版品預行編目資料

日式住宅空間演繹法/ 本間至作；黃筱涵譯. -- 初版. -- 臺北市：易博士文化, 城邦文化出版：家庭傳媒城邦分公司發行, 2019.04
　　面；　公分
譯自：いつまでも快適に暮らす住まいのセオリー101
ISBN 978-986-480-076-6(平裝)

1.家庭佈置 2.室內設計 3.空間設計

422.5　　　　　　　　　　　　　　　　　　　　　　108002826

DA1016

日式住宅空間演繹法

原 著 書 名／いつまでも快適に暮らす住まいのセオリー 101
原 出 版 社／X-Knowledge
作　　　　者／本間至
譯　　　　者／黃筱涵
選　書　人／蕭麗媛
責 任 編 輯／呂舒峮

業 務 經 理／羅越華
總　編　輯／蕭麗媛
視 覺 總 監／陳栩椿
發　行　人／何飛鵬
出　　　　版／易博士文化
　　　　　　　城邦文化事業股份有限公司
　　　　　　　台北市中山區民生東路二段 141 號 8 樓
　　　　　　　電話：(02) 2500-7008　　傳真：(02) 2502-7676
　　　　　　　E-mail：ct_easybooks@hmg.com.tw
發　　　　行／英屬蓋曼群島商家庭傳媒股份有限公司城邦分公司
　　　　　　　台北市中山區民生東路二段 141 號 2 樓
　　　　　　　書虫客服服務專線：(02)2500-7718、2500-7719
　　　　　　　服務時間：周一至週五上午 0900:00-12:00；下午 13:30-17:00
　　　　　　　24 小時傳真服務：(02)2500-1990、2500-1991
　　　　　　　讀者服務信箱：service@readingclub.com.tw
　　　　　　　劃撥帳號：19863813
　　　　　　　戶名：書虫股份有限公司
香 港 發 行 所／城邦（香港）出版集團有限公司
　　　　　　　香港灣仔駱克道 193 號東超商業中心 1 樓
　　　　　　　電話：(852) 2508-6231　　傳真：(852) 2578-9337
　　　　　　　E-mail：hkcite@biznetvigator.com
馬 新 發 行 所／城邦（馬新）出版集團【 Cite (M) Sdn. Bhd. 】
　　　　　　　41, Jalan Radin Anum, Bandar Baru Sri Petaling,
　　　　　　　57000 Kuala Lumpur, Malaysia.
　　　　　　　電話：(603) 9057-8822　　傳真：(603) 9057-6622
　　　　　　　E-mail：cite@cite.com.my
美 術 編 輯／簡至成
封 面 構 成／簡至成
製 版 印 刷／卡樂彩色製版印刷有限公司

101 TIPS ON NEW DESIGN RULES FOR A COMFORTABLE HOME
©ITARU HOMMA 2015
Originally published in Japan in 2015 by X-Knowledge Co., Ltd.
Chinese （in complex character only）translation rights arranged with X-Knowledge Co., Ltd.

■ 2019 年 04 月 23 日初版
ISBN　978-986-480-076-6
定價 1300 元　HK$433

城邦讀書花園
www.cite.com.tw